JN061998

先生、シロアリが空に向かってトンネルを作っています！

［鳥取環境大学］の森の人間動物行動学

小林朋道

築地書館

はじめに

今年の夏は暑かった。熱かったと言っても過言ではないかもしれない（過言だろう）。そのせいもあってか、今回は本書もいつもより厚くなった（そのせいではないだろう）。最近は、野生動物、特に哺乳類とヒトの衝突がいっそう増加し、心が痛い。温暖化が原因の一つであることは間違いないと思う。

そんなこともあり、私はよく思うのだ。

鳥取環境大学（二〇一五年に、公立鳥取環境大学に名称変更）が開学した二〇〇一年、世界では環境問題への関心が高まり、本学は、大学名に「環境」をつけた日本ではじめての大学として、国内でそれなりの注目を集めた。

一九九七年には、環境問題への人類の対策の歴史のなかで重要な出来事として記録に残りつづけるであろう「京都議定書」が採択された。世界ではじめての、環境問題への対策に関する国際協定だ。先進国に対して、二〇〇八年から二〇一二年までの期間に、二酸化炭素やメタンなどの温室効果ガスを、一九九〇年の排出量に比べ、日本は六パーセント、アメリカは七パーセント、ヨーロッパ(EU)は八パーセント削減することを約束したのだ。その後、ブッシュ政権時のアメリカが議定書から離脱し(発展途上国には削減目標を課さず、そのなかには温室効果ガスを多く排出していた中国も含まれていたため、アメリカは、不公平な協定だと主張した)、それを追うような形で日本も離脱し、京都議定書が有効な協定として機能したかというと必ずしもそうとは言えなかった。しかし、温室効果ガスの排出削減を世界中の国々が意識したという意味では画期的な協定だった。

ちなみに、二〇一五年に採択されたパリ協定では、先進国、途上国の区別なく対象にされた。途上国の経済成長に伴う温室効果ガスの排出も増加しつづけたため当然の結果とも言える。

パリ協定では、世界の平均気温の上昇を、産業革命以前と比べ、一・五度以内に抑える努力をするという世界共通の目標が掲げられた。「一・五度」というのは、それを超えると地球の各地に温暖化が連鎖的に起き、それらが温暖化を加速し、そこからの気温上昇が抑えられなくなる、ぎりぎりの温度を意味する。

二〇〇一年の段階では、「気温上昇と言えるほどの安定した変化は起こってはいない」とか「地球温暖化は人類の排出する温室効果ガスのせいではなく、一時的な自然現象の一端にすぎない」といった〝温暖化懐疑論〟を主張する人たちも多くいたが、その後の、そして、現在の状況は、気候をテーマにしているほぼすべての世界中の科学者たちが、観測データやコンピューターによるシミュレーションをもとに主張してきたとおり、明らかに、「人類の活動＝温室効果ガスの排出」が引き起こしてきた現象であることを証明していると言ってもよい。

もちろん、一九〇〇年代の終わりから、**人類は、温暖化に対して何もしてこなかったわけではない**。後退したように見えるときもあったが、世界各国が連帯しながら懸命な努力を続けてきた。

冒頭で書いた、私が「よく思う」ことは、開学から約二〇年の時を経て、今、世界は再び、温暖化をはじめとした地球環境問題に対抗する協同行動の大きなうねりを迎えているということだ。そして今回のうねりは二〇年前のうねりと異なり、**そのうねりの実際の姿を社会や自然の、そこかしこに見ることができる**ということだ。それだけ、温暖化による気温上昇や災害の拡大（気温が上昇すると海からの水の蒸発量は増え降雨量が増し、熱エネルギーが空気の運動エネルギーに変化するため台風などの発生頻度や規模は増大する）、それに対抗する人類の動きも活発になってきたということだ。

鳥取市は、二〇三〇年度までにカーボンニュートラル（二酸化炭素など温室効果ガスの排出量と吸収量を同量にし、その排出量を実質ゼロに抑えること）を実現し、同時に地域の魅力と暮らしの質を向上させることを目指す環境省の「脱炭素先行地域」に選定された。そしてその共同提案者として公立鳥取環境大学は名を連ねている（これから、その実現に向けた取り組みをはじめる）。

また、国連が進めるRace to Zero（温室効果ガスの排出を二〇五〇年までにゼロにするアクション）に、**日本で、大学としては三番目に、参画を承認された**。

このように、大学だけを眺めても、うねりが「そこかしこに」見えるのだ。

そして「先生！シリーズ」だ。

シリーズは今回「先生、シロアリが空に向かってトンネルを作っています！」というタイトルになったが、先生！シリーズは、もちろん、第一の目的は、大学をめぐって起こるヒトと動物を中心とした生物の事件を読者のみなさんに、動物行動学の視点から紹介し、みなさんに少しでも元気を届けることができればということだが、**それだけではないのだ**。

文章の背後に、地球上の生物多様性の保全や温室効果ガスの削減をはじめとした「持続可能な豊かな社会の実現」への貢献という、私の**切なる思い**が常にあったことを、読者のみなさんはご存じだっただろうか（時々、私も、そんなものがあったことを忘れたこともあったが）。


つまり、こういうことだ。


「持続可能な豊かな社会の実現」のためには、まずは、次の二つの要件が満たされることが必要なのだ。

一つは、本文の「『ミニ地球』をあらためて思い出してください」の章でも詳しく書くが、社会が持続するためには、地球に備わっている「（人類の）生命維持装置」を健全に保たなければならないのだ。考えてみよう。アメリカから打ち上げられた宇宙船に日本人の宇宙飛行士が乗っているとき、宇宙飛行士と日本の地上の小学校の子どもたちが、テレビ画面の映像をとおして話をしている場面を、ニュースとして見られたことはないだろうか。宇宙飛行士はにこやかな顔で、子どもたちからの質問に答えるが、**なぜそんなことが可能なのか**というと、それはなにより、宇宙船が、かなりの体積を割いて、宇宙飛行士が船内で生きていくための装置を内蔵しているからだ。酸素や水などを供給し、気温や湿度などをある範囲に保つ生命維持装置を、だ。その生命維持装置は金属やプラスチックなどからなる部品でできているだろう。

一方、宇宙に浮かぶ、われわれが生きている「地球」も同じなのだ。生命維持装置があるから生きていけるのだ。ただし、宇宙船の生命維持装置の場合とちょっと違うのは、地球の生命維持装置を構成する〝部品〟の多くは「野生生物」なのだ。

私は、先生！シリーズの本のなかで、それら野生生物の特性（習性など）を、ヒトとのかかわりのなかでお話しし、彼らが、いかに愛おしい存在であるか、私が感じた思いを書いてきたのだ。多くの人に伝えたくて伝えたくて、**そしたら元気も出るよね**、みたいな思いで書いてきたのだ（書くことで、苦しいときも一番慰められたのは私かもしれないが）。

巨大コウモリが廊下を飛び、シマリスがヘビの頭をかじり、子リスたちがイタチを攻撃し、カエルが脱皮してその皮を食べ、キジがヤギに縄張り宣言し、モモンガの風呂ができ、大型野獣がキャンパスに侵入し、ワラジムシが取っ組みあいのケンカをし、洞窟でコウモリとアナグマが同居し、イソギンチャクが腹痛を起こし、犬にサンショウウオの捜索を頼み、オサムシが研究室を掃除し、アオダイショウがモモンガ家族に迫り、大蛇が図書館をうろつき、頭突き中のヤギが尻尾で笑い、モモンガがお尻でフクロウを脅し、ヒキガエルが目移りしてダンゴムシを食べられず、………。トチノキやツタも主役として登場した。

尽きることなく事件を起こす生物たちが、それぞれの習性に応じて活動し、地球の生命維持装置をつくり出していたのだ。

次、二つ目の要件だ。

それは、『先生、脳のなかで自然が叫んでいます！』（先生！シリーズ番外編）なのだ。

つまりこういうことだ。

持続可能な豊かな社会であるためには、ヒトが心身健康な状態で暮らせる社会でなければならない。そのためには、われわれは「ヒトもまた進化の産物である」という動物行動学の根幹をなす原理を忘れてはならないと思うのだ。そして、その原理から導き出されることの一つは、ヒトの健康な精神の成長とその維持には、**野生生物とのふれあいが必要だ**、ということである。たとえば、海のなかでの「進化の産物」であるイルカが心身健康であるためには、自由に泳ぐことができる海水はもちろん、仲間からのソナー音声、食料としての泳ぐ魚の存在などが必要である。そういった事物事象からの刺激を受けながら、イルカの心身は健康に成長し維持されるのである。

同様な意味で、陸上の自然のなかで捕食者から逃れ食料を得ることに適応しながら進化したヒトにとっては、野生生物とのふれあいが、心身の健康な成長や維持に必要なのだ。

捕食者から隠れたり休息したりする場所であり、食べられる果実や新緑が存在する可能性が高い場所である「緑地」を素早く見つけることができるように、ヒトの色に対する感度が（ほかの色に対してよりも）緑色に対して最も高いのは、その一例である。だから、ヒトは、街や家や室内に緑を置こうとするではないか。動物たちを見たい、動物たちとふれあいたいと感じるのも「進化の産物」としての**ヒトの特性**である。特に、脳は、成長のために、そういった刺激を受けることを前提として設計されている器官だからである。幼児が、筋肉の発達につながる「運動」を自発的に望んだり、言葉の発達を促すように、周囲の人の話し声に耳を傾けたり、さかんに自分で発声したりすることを望んだりするのと同じことである。

こうして、「ヒトと動物を中心とした生物の事件を読者のみなさんに、動物行動学の視点から紹介し、みなさんに少しでも元気を届けることができれば」という思いは、「地球上の生物多様性の保全や温室効果ガスの削減をはじめとした『持続可能な豊かな社会の実現』への貢献」という私の切なる思いとつながっているのである。

環境省が二〇二三年八月に募集した第四回の脱炭素先行地域の選定では、重点選定モデルとして「生物多様性の保全、資源循環との統合的な取組」の枠組みが新設された。環境省も、ちゃんと理解しているのだ。

公立鳥取環境大学は、これからも、持続可能な社会の実現を理念に掲げつづけ、ほかの大学にはない色をもった、**教員と学生が独自の取り組みに挑戦する大学**として歩んでいくだろう（ちょっと大学の宣伝をさせていただきました）。

「先生！シリーズ」も、いろいろな苦難にもへこたれず（私が）、野生生物とヒトとのつながりが生み出す事件を中心に文字を連ね、少しでもみなさんに元気を届け、持続可能な社会の実現にも貢献できればと思っている。

この文章を浮かべているディスプレーからちょっと目を上げると、そこには、土壌にヤマトシロアリが棲みついたミニ地球がある。シロアリたちの体は小さいが、ミニ地球の消費者兼分解者として大いに活躍してくれている。

ここで読むのが嫌になられた方以外は、どうぞ本文に入っていただきたい。なぜヤマトシロアリか?も含めて、生物たちとヒトの出来事を、やさしい心で感じていただきたい。

小林朋道

二〇二三年一一月

◆目次

はじめに　3

子モモンガ、実験、頑張る！
成獣の実験で生まれた課題を、成獣が産んだ幼獣が解決してくれた……みたいな　17

野球部の部員がヒバリのヒナを助けた話
彼らのチーム名はSKYLARKSだった　75

メイは体力的順位では最下位だが、採食地の選択ではリーダーだった
ヤギたちの内的世界の深さ・豊かさを感じさせる研究　101

「ミニ地球」をあらためて思い出してください
ダンゴムシに代わる素晴らしい動物が見つかった 127

骨を壊してキャンパスの街灯の下に落ちていたユビナガコウモリ
頑張れ、頑張れと声をかける毎日 167

環境学部「氷ノ山登山演習」で思ったこと
学生たちの（心の）なかのバイオフィリアを感じてうれしくなった 199

本書の登場動（人）物たち

子モモンガ、実験、頑張る！

成獣の実験で生まれた課題を、
成獣が産んだ幼獣が解決してくれた………みたいな

まずは、本章のネタをズバッと（ズバッとだ）言おう。

私のねらいは、成獣での実験結果で課題になっていた「北海道には生息しないニホンモモンガが、北海道および千島列島のごく限られた地域にしか生息しないシマフクロウに逃避反応を示すのはなぜか」について、子モモンガたちに手伝ってもらって調べるということだった。

そんなチビ（写真のチビ）で、そんな研究ができるのか？などと思ってはいけない（確かにチビだが）。

実験室で生まれ、自然捕食者にまったく出合ったことがないことが確実である彼らだからこそ、そして成獣のように、実験装置内では「とにかく緊張して、自然な行動をとってくれず実験が成立しない」ことがない、「いつもリラックス」の幼獣だからこそ可能な実験もあるのだ。

ニホンモモンガは、本州、四国、九州に生息する日本の固有種である（北海道には生息しない）。ニホンモモンガの強力な捕食者であるフクロウは、日本全体を含めたユーラシア大陸北部に広く分布している。一方、シマフクロウは北海道と千島列島のごく限られた地域にのみ生息する。

つまり、**ニホンモモンガとシマフクロウの生息域は重ならない**のである。

では、どれくらい前からニホンモモンガとシマフクロウの生息分布は重なっていないのか。

これは北海道と本州の成り立ちや、ニホンモモンガ、フクロウ、シマフクロウが、いつごろ種として誕生したのかなどといったことが絡んでくる問題なので複雑だ。ただし、現在得られる情報からは、どう少なく見積もっても、今のような状況になってから数千年以上はたっていると私は思う。北海道と本州を隔てる津軽海峡は少なくと

ニホンモモンガにとって野生生活で必須の「滑空」の練習をさせられている子モモンガ。このあと頑張って飛んだのだ

も数万年以上存在しているからだ。というか、そもそも日本列島の形成過程において、北海道と本州とが陸続きになっていた時期はない、らしい。

そうすると、現在の進化理論を基盤において推察すると、ニホンモモンガは、シマフクロウの鳴き声には逃避反応を示さないはずである。なぜなら、逃避反応をとることはエネルギーを使うことである。だから、捕食者にはなりえない動物（の鳴き声）に対して逃避反応をとることはエネルギーの無駄なのだ。**進化はそれを見逃さない**。進化はそんな無駄をしないニホンモモンガのほうを繁殖させ、無駄をするニホンモモンガを淘汰するはずなのだ。単純に考えると。

少なくとも、私が聞いた限りではフクロウの鳴き声とシマフクロウの鳴き声はかなり異なっている（文字で表わすとしたら、フクロウは「ホーホー、ホッホッホ、ホーホー」、シマフクロウは「ブーッ、ブフォーッ」だ）。**だったら**、フクロウの特徴的な鳴き声だけに反応し、シマフクロウの声には反応しないニホンモモンガのほうが、無駄なエネルギーを消費することがないので**繁殖には有利**なはずなのだ。

その仮説を携えて行なった野外の大きなケージでの成獣を対象とした実験では、確かに、ニホンモモンガはシジュウカラやキジバトの鳴き声にはまったく反応せず、フクロウの鳴き声には、激しい逃避反応（巣箱に飛びこむとか、すぐそばの樹木の裏側に回って体を幹に沿わせるような格好でまったく動かない〝フリーズ〟と呼ばれる行動）を示した。

ところがだ。なんと彼らはシマフクロウの鳴き声にも同様な逃避反応を示したのだ（つまり、長い地質学的な時間のなかで一度も天敵として出合ったことがないシマフクロウの鳴き声に逃避反応を示したということだ。進化理論に素直には従っていないということだ）。その実験や結果などについての詳細は『先生、イソギンチャクが腹痛を起こしています！』に書いたが、なぜシマフクロウの鳴き声に逃避反応を示したのかについては、「今後の課題」と結んだ。

それから七年、**その課題のことを忘れた日はなかった**（嘘です。ずっと忘れてました）。

そして、実験室で生まれた子どもたちを見て（昨年までは、子どもを使う実験は、早春に、子どもを出産した母モモンガの巣箱を探して歩きまわっていたのだが、今年は、捕獲許可申請書にも書いて、実験室での出産を試みた）、私は思った。「よし、○×すれば、あのときの課題に迫れるかもしれない」と。

子モモンガたちの特性は、これまでの経験から、よーーーく知っていた。とにかく、こちらが穏やかに接してやれば、子モモンガはヒトを恐れず、実験装置のなかでも、自然な行動を見せてくれるのだ。

その実験装置とは、最近の「先生！シリーズ」を読んでくださっている方にはおなじみの**〝T字型通路〟**である。

実験のポイントと方法はこうだ。

T字型通路の両翼の一方からフクロウの鳴き声を、他方からはシマフクロウの鳴き声を同時に流す。

子モモンガは、T字型通路の手前の待機室で待機させられており、フクロウたちの鳴き声が流される直前に、パーティションが開けられ、子モモンガは待機室から出ていく。そうするとT字の、左右に分岐する地点に差しかかり、フクロウの鳴き声とシマフクロウの鳴き声を左右から聞くことになる。

さて、**子モモンガはどちら側に進むだろうか**（どちら側から遠ざかろうとするだろうか）？

ちなみに、T字の一方からフクロウの鳴き声を流し、反対側からシジュウカラとかキジバトの鳴き声を流したときは、子モモンガは、まず例外なく、シジュウカラとかキジバトの鳴き声がするほうへ進んでいく。**フクロウの鳴き声のするほうから遠ざかるのだ。**

まずは、この点を確認した（ただしこの反応が現われるようになるのは、巣から出るようになる生後一・五カ月以上の子モモンガである。これについてはすでに論文で発表したが、巣のなかから外へ出ない、約一・五カ月未満の時期には、フクロウを認知して逃避反応を起こす神経回路はまだ完成していないと考えられるのだ。もちろんそれはエネルギーの無駄遣いをしないという意味で適応的だ。巣のなかにいる子モモンガをフクロウは襲えないからだ）。

実験用装置T字型通路の“待機室”で出番を待っている子モモンガ。前側のパーティションが持ち上げられると子モモンガは前進する

そして私が、フクロウとシマフクロウの鳴き声を使った実験の結果として予想したのは、次のような内容であった。

「確かにモモンガはシマフクロウの鳴き声にも逃避反応を示すが、それは、シマフクロウの鳴き声のなかに、フクロウの鳴き声と同じ、あるいは似たような要素があるからであり、フクロウの鳴き声とシマフクロウの鳴き声が同時にやってきたら、フクロウの鳴き声のほうを避けようとするのではないか」

言い方を変えれば、次のようになる。

「ニホンモモンガがシマフクロウの鳴き声に逃避反応を示すのは、その声のなかにフクロウの鳴き声の要素を聞き取るからであり、それはフクロウの鳴き声に対して進化した適応的逃避反応の**副産物にすぎない**のではないか」

で、結果はどうなったか？

まー、当然そういう流れになるのだが、ちょっとここでコーヒー（コーヒーが苦手な方はティー）ブレイクだ。

コーヒーブレイクとはいっても、とても重要な（これまで誰も調べたり報告したりしてはいないと私が確信する）内容だ。正式には、近いうちに論文として出版しようと思うが、まー、ここでは、短報（正式な本論文の前に、取り急ぎ出版される報告）のようなものとして紹介したい。読者のみなさんもきっと興味をもってくださるにちがいない。

内容は「誕生したニホンモモンガの形態・行動の初期成長」みたいなものだ。

次ページの写真のような過程を経てニホンモモンガは成長していくのだ。

子どもたちが、ぐんぐん成長していく様子を目の当たりにすると、あらためて生命のたくましさと繊細さを感じずにはいられないが、それを支える母親の大変さにも思いをはせてしまう（おまえらなー、母ちゃんに栄養をもらって大きくなってるんだぞ。**一度でもお礼を言ったことがあるんか**……みたいな）。

ではもう一度、「で、結果はどうなったか？」

実験の結果は、私の予想どおりになった！

一週間ほどかけて行なった実験で、三匹の子モモンガ（一・五〜二・〇カ月齢）すべてが、九〇パーセント以上の割合で、フクロウの鳴き声のほうには曲がっていかず、**シマフクロウの鳴き声のほうへ進んでいった**のだ。

8月27日
9g（3匹生まれたが1匹のみ体重を測った）
誕生したのは、新生獣の鳴き声や母モモンガの行動から
8月24日（私の誕生日と同じ）と考えられる

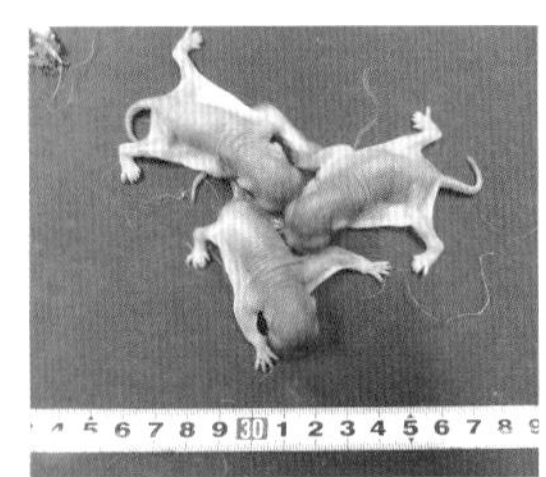

9月5日
♂13g、♀13g、♀13g
体毛は未発達、目は皮膚下、その場で体を動かす

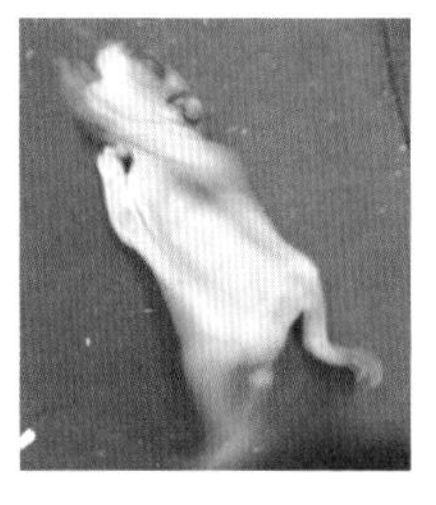

9月15日
♂21g、♀21g、♀20g
体毛が腹面を除いてしっかり生えてくる。目はまだ開かない

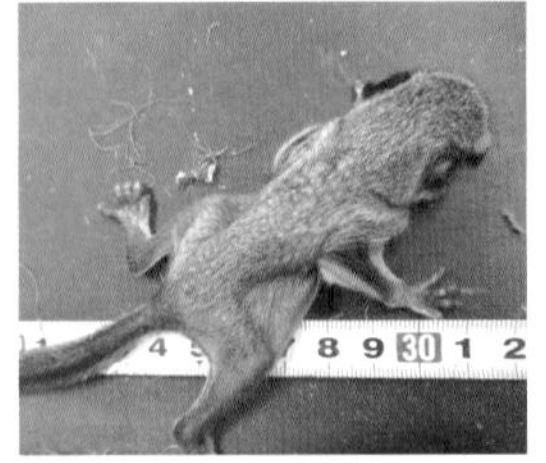

9月26日
♂25g、♀25g、♀24g
腹面にも体毛が生えてくる。四肢が丈夫になり、ぎこちなくではあるが移動できるようになる

子モモンガ、実験、頑張る！

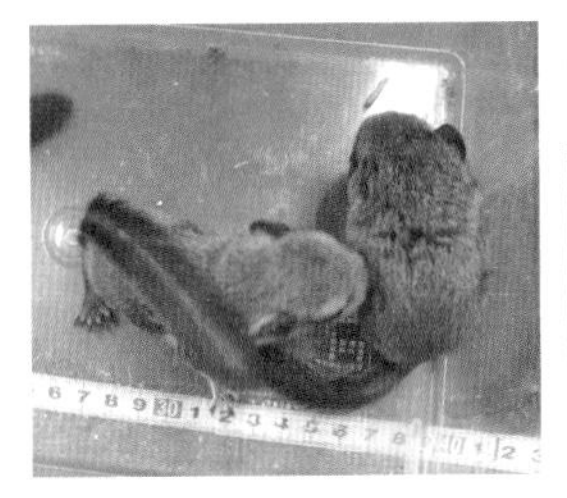

10月5日
♂34g、♀32g、♀32g
目が開き、かなり自由に移動できるようになる

10月20日
♂56g、♀55g、♀53g
巣箱（巣穴）から外へさかんに出るようになり、短い距離の間をジャンプして飛ぶようになる

10月31日
♂63g、♀63g、♀61g
動きがさらに活発になり、ジャンプの距離もさらに長くなる。2カ月ちょっとで大人の体重の半分くらいになった

この結果もまだ論文にしていないので、説明はこのへんにしておくが、**イヤ、うれしかったね。**

説明を超短縮してしまった代わりに、と言ってはなんだが、子モモンガをめぐる新しい、**ちょっとした発見**を三つほどお話ししたい。これらの事象も、一応、これまでにまったく報告がないものだ。

まずは、三匹の子モモンガのうちの一匹がケージの外に出ていたときの話だ（自分でケージの出入り口を開けるらしく、たまに起こるのだ。でも子モモンガは、私が飼育室に入ってもあまり驚いた様子を見せず、ゆったりとしているから、昆虫採集用の網で簡単にお縄にできる）。題して「ニホンモモンガも、緊急時（?）には、ピチーッ！と鳴き、それを聞いた子モモンガもちゃんと反応」事件、である。

私はシベリアシマリスの研究を長く行なったが、生息地を模してつくった大きな野外飼育ケージのなかでも、また、実際に彼らが生息している韓国の山地でも「ピチーッ!!」という、いかにも**「緊急事態!!」みたいな緊張感満載の鳴き声**を何度も聞いてきた。野外飼育ケージでは、外側にイヌが近づいてきたとき、自然生息地では、私が彼らに気づかず、近づいたときなどに発していた。これはおそらく、「ここに陸生捕食者がいるぞ!!（猛禽類が空から近づいてきたときは別な警戒音を発するし、ヘビには警戒音は発しない。いろいろあるのだ）」みたいなことを周囲のシマリス（血縁個体が多いはず）に伝える鳴き声だろう。

ところがだ。この「ピチーッ!!」という鳴き声を、一匹の子モモンガがケージの外へ出ているとき、**母モモンガが発したのだ**。巣箱から顔を出した母親が、確かに鳴いたのだ。

子モモンガのそばに立っていた私を捕食者と認識したのだろうか。確実なことは言えないが、とにかくニホンモモンガのこんな鳴き声は、これまで誰も（〝誰も〟といってもニホンモモンガを研究対象にしている研究者がそもそもとても少ないのだが）聞いたことがないだろう。夜の森の上部で繰り広げられている彼らの物語は、それは、なかなかわからなくてもやむをえないだろう。私みたいな研究スタイルをとる人間でなければ発見することは難しいということだろう（か？）。

でも、例外的な、たまたま発された声でないことは確かだと思う。というのも、それまでにも、今回ほどはっきりとした状態ではなかったが、「ピチーッ!!」といった声を、なんとなーーく聞いたことはあるのだ。そのときはニホンモモンガが発した声かどうか確信がもてなかったので気にしないことにしたのだが、今回は確信がもてた。

そして、**その鳴き声に対する子モモンガの反応**も目を見張るものがあった。最初、「へっ?」みたいな顔をしていたが、間もなく母親がいるケージのほうへ移動したのだ。私は、ひょっとしたら子モモンガがケージの出入り口を開けてなかに入る様子が見られるかもしれないと思ってそばに立っていたが、子モモンガは、いかにもなかに入りたそうな行動をしながら出入り口付近で右往左往していたが、入れないので、また〝散策〟に出かけた。

ニホンモモンガと接する時間が増えてくるにつれて、シベリアシマリスとの共通点がいろいろ見えてきた。やっぱりニホンモモンガもリス科の動物なのだ。

たとえば、**前肢の親指**が、爪がなく丸い肉の塊になっているところもそうだ。小さい植物の組織を両手で握って食べるときに便利なようだ。

「フット・スタンピング」もそうである。

フット・スタンピングとは、言葉どおり、後ろ足を、ヒトで言えば地団駄を踏むように、地面に素早いリズム（?）でたたきつける動作だ。たたきつけるたびに地面と足との衝突で音が出る。

私は、シベリアシマリスやスナネズミでよく目にしたが、**相手に対する威嚇**として行なわれる動作だと思われる。シベリアシマリスやスナネズミでは、あまり動いていないヘビに出合ったときなどにこの動作を行なう。

そして、「小型哺乳類の捕食者（ほとんどの種でヘビが主要な捕食者の一つになる）に対する防衛行動の研究」をライフワークの一つにしている私としては、ニホンモモンガがヘビに対

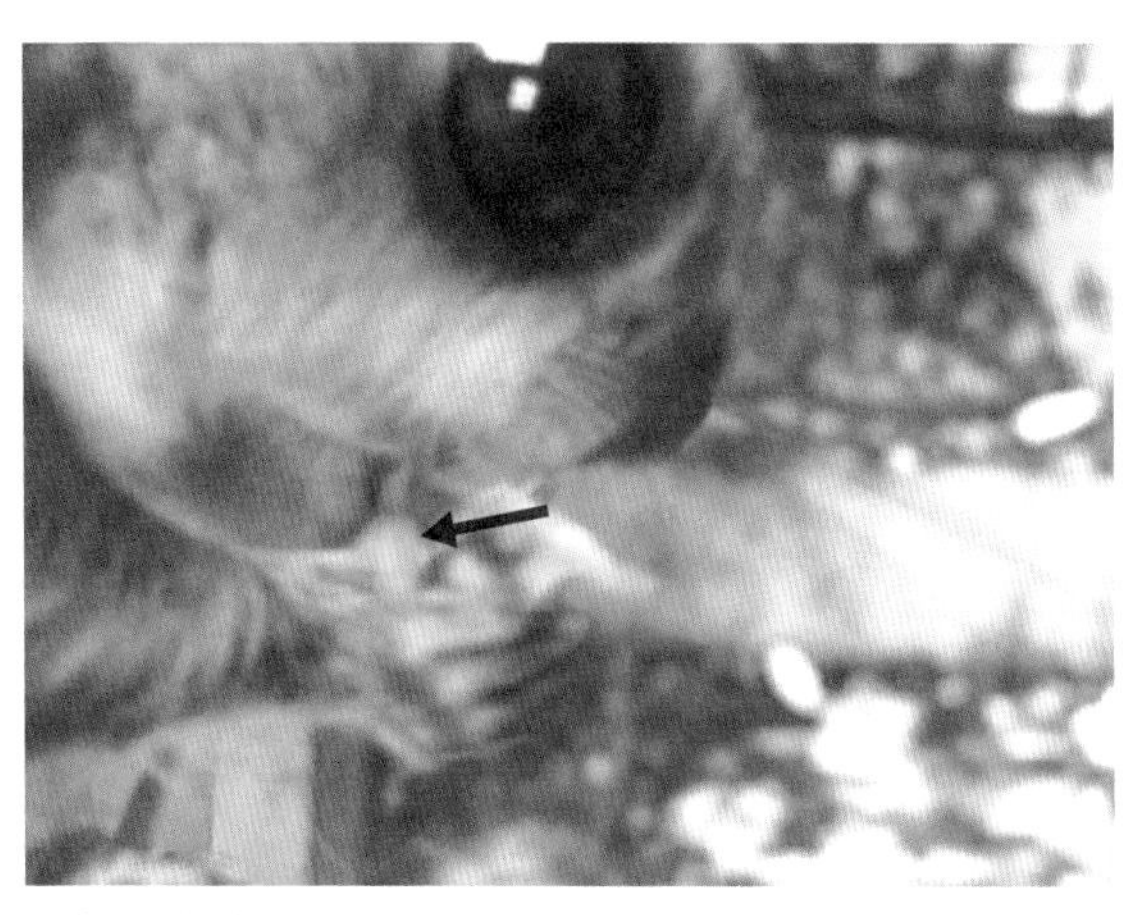

前肢の親指が、爪がなく丸い肉の塊になっている。小さい植物の組織を両手で握って食べるときに便利なようだ

してどのような反応をするのか調べないわけにはいかない。子どもの世話をしている母モモンガに、巣の外で、あまり動かないヘビと出合わせたり（『先生、イソギンチャクが腹痛を起こしています！』に書いた）、母子が巣の中で休んでいるとき、（私が十分コントロールできる）ヘビを巣の中に侵入させたり（『先生、アオダイショウがモモンガ家族に迫っています！』に書いた）、モモンガにとっては大変迷惑な、でも**自然界では十分起こりうる状況**をつくりだして実験を行なってみたのだ。

そうしたら、前者の状況で、母モモンガはフット・スタンピングを激しく行なったのである。地面ではなく太い枝の上だったが、パタパタといった音が鳴り響いた。**迫力があった**。おそらく自然界では、木登りのスペシャリストであるアオダイショウなどが、基本樹上生活のニホンモモンガの営巣地近くや行動範囲の中にやってくるのではないだろうか。それに対して成獣が毅然としてフット・スタンピングを行なっている可能性は大いにある。

ところがだ。**生後二カ月くらいの幼獣も、フット・スタンピングを行なう**ことが、私の、なんと言えばよいのだろう、水も漏らさぬ（ちょっと違うか）観察からわかった。

ただしそこにはヘビはいなかったし、捕食者らしいものはいなかった。毎日毎日、目にしている私を捕食者と思ったとは考えられない。

でもその行動パターンは明らかにフット・スタンピングだった。

そこで思い出すのは、動物行動学の父、コンラート・ローレンツが**「固定的活動パターン」**と呼んだ行動の特性である。

「固定的活動パターン」というのは、一連の動作の〝型〟が決まっており、一度その動作がはじまると、途中で、動作のはじまりのきっかけになった対象がまったくなくなっても、外からの適切な刺激がなくても、その動作が**〝型〟どおりに最後まで続いていく**、という現象だ。おそらく、その一連の動作を発現させる神経系プログラムが脳内に散在しており、そのプログラ

私がケージのなかに置いたスギの枝葉の上で、地団駄を踏むように後ろ足を上げ下げするニホンモモンガ幼獣。30秒近く続いただろうか

ムが半ば自動的に展開していくためではないかと考えられている。

私が「ああこれが固定的活動パターンか」と感慨にふけった一つの例は、**シベリアシマリスの種子の貯蔵行動**であった。

季節は秋だった。学生だった私は、アパートのなかでシベリアシマリスを半ば放し飼いにしていた。服や靴や本を齧られたりしたことはあったが、まー、得られる利益（習性に関する知見と癒やし）に比べれば我慢できる範囲だった。

そして、その〝知見〟の一つが、次のような固定的活動パターンだ。

シベリアシマリスは冬眠をするのだが、早春に目覚めたとき周辺に餌がなかなかないので、冬眠前に巣のなかや巣の周辺に、腐ることのないドングリ（多くの種類のブナ科樹木の種子。生物学では堅果（けんか）と呼ぶ）を埋めておくのだ。

シマリスは冬眠に備えて私が与えたヒマワリの種子などをカーペットの下や本の間に〝埋めて〟いたのだが、もう適当な場所がなくなってきたのだろう。あるとき**机の足がカーペットと接してできる直角の谷間**に種子を埋めようとした。

彼の祖先たちが何千年（？）も生きてきた環境（自然のなか）では、種子を土のなかに埋めていたのだろう。自然界では通常、種子の貯蔵行動は決まって次のような動作で行なわれる。

①左右の手で**土を掻く**。

②しばらく掻くと、頬袋に詰めこんでいた種子を、掘った**穴の底に吐き出して鼻で押さえ**、土をかけていく（シベリアシマリスは頬の内側に種子をたくさん詰めこむことができる構造をもっており、そこをフルに利用したシマリスは頬だけが異様に膨れた漫画のような顔になる）。

③穴を元通りに埋め、両手をササッと箒のように動かし、穴を埋めた上に**周囲から小石や枯れ葉をかき集め**、いかにも「穴を掘って埋めました」という外観を消し去る（それが不十分だとほかのシマリスが目ざとく〝跡〟を見つけ掘り返して盗んでいくことがあるのだ）。

要は、「①穴を掘る→②種子をそこに吐き出す→③土で埋めて周囲の小石や枯れ葉で隠す」という手順で種子を貯蔵するのだ。

学生のころから、いわゆるお勉強は苦手だったが（関心が持てないことに関しての記憶力に問題を抱えていた。今でもだが）、直感と創造性に満ち満ちていた私は、その貯蔵行動を見て、「もしかしたら、これ、固定的活動パターンじゃね」みたいなことを思った。

というのも、カーペットの下や本の間に種子を埋める（入れこむ）のは、まー、①のような動作や②のような動作（に似たこと）ができる。でも、「机の足がカーペットと接してできる直角の谷間」となると、いくら掻いても穴は掘れないし、種子を吐き出して埋めようにも「穴の底」は存在しない。でもシマリスは、**掻く動作をしっかり行ない**（当然、穴は掘れない）、掻いた場所の真ん中に種子を吐き出して鼻で押さえ、両足で土を被せ周囲から物を集めるような動作をしっかりとやるのである。最近の言葉で言えば、まさしく「エアー種子埋め」だ。

そして私が、種子の貯蔵行動が「固定的活動パターン」にちがいないと確信したのは、次のような、**ある実験**（イタズラ、とも言える）をやってみた結果を見たときだった。

シマリスが、「机の足がカーペットと接してできる直角の谷間」に頰袋から種子を出して固めて鼻で押さえたとき、横から、その種子（一つひとつの種子が唾液でくっつけてあった）をごっそりすべて取り去ってみたのだ。

ちなみに、そのシベリアシマリスは私によく慣れておりお互い**友好関係で結ばれていた**ので、私がそんなことをしても、驚いて逃げたりはしなかった。もう一つつけ加えておくと、私の独自の研究スタイル（の一つ）は、対象の動物から警戒されることがない状態になってから実験をする、というものだった。それは今でも続いているが、そうするからこそ可能な実験がたくさんあるのだ。学会で、大御所からその実験スタイルについて批判を受けたことがあったが、私の研究スタイルは間違っていないと今もはっきり言える。

目の前から、さっき自分が頬袋から吐き出して〝穴の底〟に固めた種子がサッとなくなったのだ。**で、シマリスはどうしたか？**　シマリスは一瞬、「ヘッ？」みたいな様子で動きを止めたが、すぐに次の動作、つまり、③土で埋めて周囲の小石や枯れ葉で隠す、という動作を最後まで行ない、その場を立ち去っていったのだ。もちろんカーペットの上に土はないし、いくら集める動作をしても集められるものは何もなかったのだが……。

先に述べた、次のような性質をもつ「固定的活動パターン」の典型ではないか。

「……一連の動作の〝型〟が決まっており、一度その動作がはじまると、途中で、動作のはじまりのきっかけになった対象がまったくなくなっても、外からの適切な刺激がなくても、その動作が〝型〟どおりに最後まで続いていく……」

『動物行動学　I』（丘直通・日高敏隆訳、新思索社、二〇〇五）によると、ローレンツが「固定的活動パターン」の着想を得たのは、ヒナのときから育てたホシムクドリがブロンズ像の頭から飛び立ち見えない何かを嘴で捕まえ、存在しない獲物をたたきつけて殺し、まるでほんとうに食べたかのように呑みこんで身震いをしたのを見たときだったという。

ローレンツは驚いて、脚立を持ち出して天井の隅々を調べたが虫は全然見当たらなかった。つまり、ホシムクドリの脳内には、自然状態では有効な、餌取りの一連の動作を担う神経系プログラムが存在しており（いわゆる本能の実態と言ってもいいだろう）、それが、**外部の刺激がない状態でも作動した**ということだろう。ローレンツは最初はそういった行動を「真空反応」と呼んでいた。いずれにしろその発見と自分の発想を喜んだにちがいない。

ここまで書いてくると、私の脳内に〝発火〟を求めてくすぶっていた記憶がタイミングは今だと発火するので聞いていただきたい。

シベリアシマリスは、いよいよ種子を貯蔵する場所に困ったのだろう。日長の変化は、明らかにすぐ近くまで冬が来ていることをシマリスに教えていたにちがいない（私の部屋の窓は外の光をしっかり取りこみ、その変化をシマリスに伝えていた）。そんなシマリスが目をつけたのは、目の前にあった、**円形の土台に、黒くて繊維っぽい〝土〟が乗っている、**餌溜めには好適な場所だ。円形の土台に登り、その頂上あたりで、繊維っぽい〝土〟を掻き分け、種子を吐き出して鼻で押さえ、〝土〟を元にもどし、周囲の繊維をかき集め、満足して去っていったのだろう。

その「円形の土台に、黒くて繊維っぽい〝土〟が乗っている」場所というのは、**昼寝をしていた私の頭（！）**だったっつーの。

頭のあたりに刺激を感じて体を起こした私の頭からはひまわりの種子やカボチャの種子（実家からわざわざ送ってもらっていた）が、バラバラと、……**そりゃー落ちてくるだろーー！　あっけにとられるだろーー！**

シベリアシマリスとの共通点に関する寄り道が長くなってしまった。要するに、捕食者らしいものがいない場所でも、子モモンガのフット・スタンピングは、「固定的活動パターン」として起こったのだと思われ、その行動はシベリアシマリスでも見られる、共通した行動だというわけだ。

最後にもう一つだけ、子モモンガが見せてくれた、**私がはじめて見る行動の話**をさせていただきたい。

母モモンガの「ピチーッ!!」という鳴き声に反応してケージにもどったが、出入り口をうまく開けることができず、また散策に出かけた、その子モモンガが次にやってくれた行動だ。

私は、ケージの出入り口を開けてなかに入れてやろうと思ったのだが、ずっと開けておくとほかの子モモンガが出てしまいかねないので、外の子モモンガが再び出入り口にもどってくるのを待っていた。

ところが子モモンガは、もどってくる様子はなく、飼育ケージからどんどん離れていき、**ある場所**でハタと止まった。そこは、私が、使い終わったので、これから掃除をしてしまおうと思っていたケージだった。上の格子の〝被せ〟は取られてプラスチックの下部だけが置いてあり、掃除のためのティッシュペーパーが五、六枚、重ねて積まれていた。

すると子モモンガは何を思ったのか（イヤ、私くらいの動物行動学者になると子モモンガがこれから何をするのかなんとなく想像できていた。イヤ、ほんとに）、ティッシュペーパーのなかに潜りこむと、なんと、**ティッシュペーパーを口に入れて食べはじめた**ではないか（イヤ、私くらいの動物行動学者になると食べはじめたのではないことはわかっていた）。

子モモンガ、実験、頑張る！

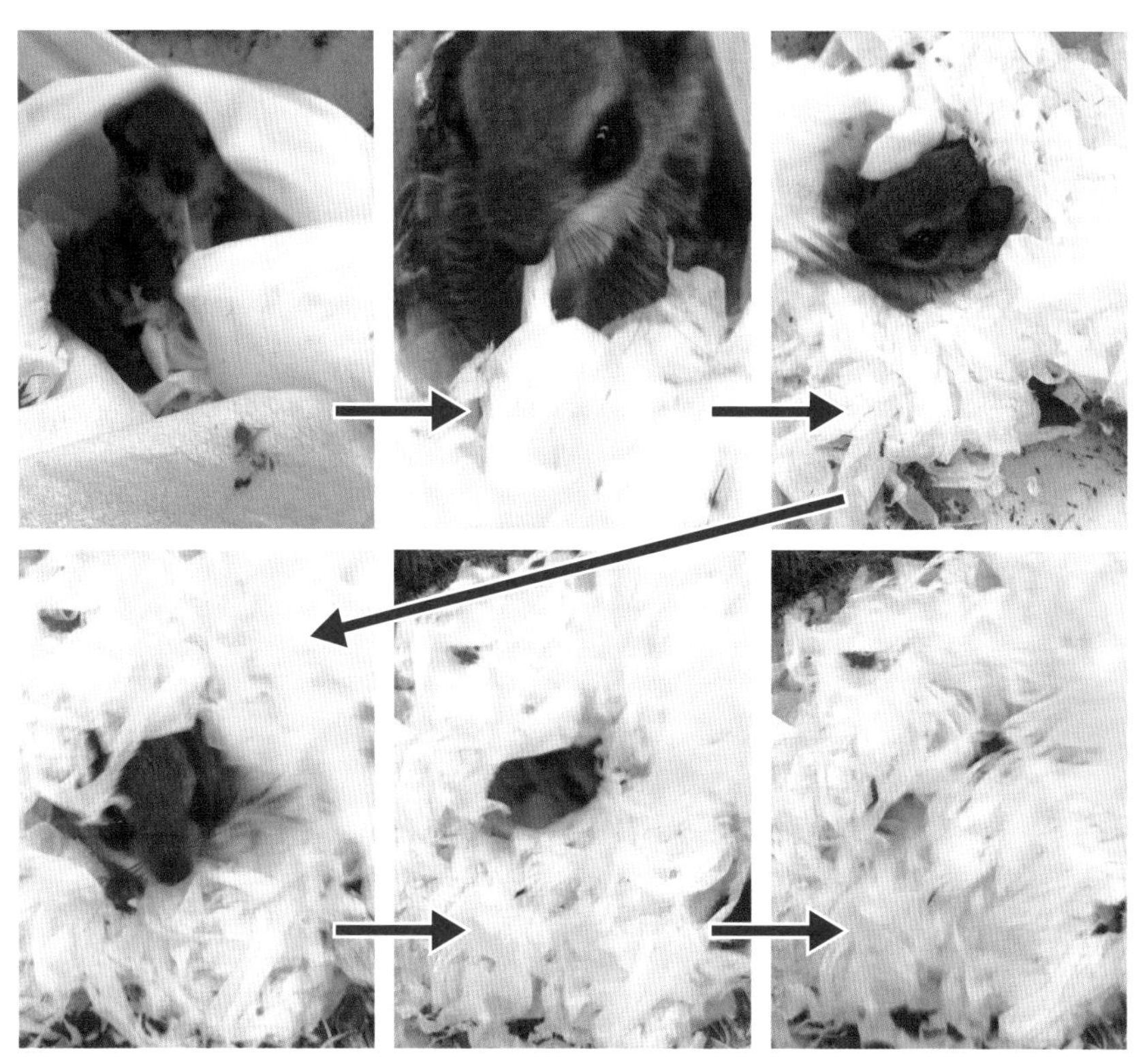

子モモンガが、重ねてあったティッシュペーパーのなかに潜りこみ、食べるのか！みたいな感じで裂いていき、それらを自分のまわりに、ドーム型に“組み立て”、最後に“蓋”を閉じて丸いドーム巣を完成させた。お見事

そして、しばらく様子を見ていると、なんと子モモンガは、（私の予想どおり）ティッシュペーパーを裂いて縦細の素材をつくり、それを自分の体の周囲に、ドーム型に組みはじめたのだ。

ちなみに、その様子をスマホで撮影し、あとで一場面ずつチェックしてみると、子モモンガの**見事な仕事ぶり**がよく映っていた。

そのなかの一枚が、われわれの世代に人気の漫画『ドラゴンボール』のなかで悟空をはじめとした戦士が「かめはめ波」を撃つところによく似ていたので（下の写真）、ツイッター（現Xだが本書執筆時はまだツイッターだったので、本書内ではツイッターと言わせていただく）で「Z世代にはわからんだろう」とコメントをつ

か・め・は・め・波ーーー！　みたいな

最終的に子モモンガが自力でつくりあげた“巣”。野生ではこれが樹洞のなかにつくられる

けてアップしたら結構面白がられた。

実際は、「かめはめ波」というより「阿波踊り」のような動作をしていたのだが……。

そして、最後に真上の小さな穴を閉じて、**子モモンガは静かになった**。

おそらく、巣から出るようになった子モモンガは、スギの樹皮を裂いて丸っこい巣をつくる行動を、すでに、脳内の神経プログラムとして発達させていたのだと思う。

これも固定的活動パターンと言ってもよいだろう。

というわけで、かなりいろんな話をしてきたけど、……

「シマフクロウは北海道に生息し本州には生息しない。ニホンモモンガは本州・四国・九州だけに生息し北海道には生息しない。シマフクロウの鳴き声へのニホンモモンガの反応は？」という、成獣の実験で生まれた課題を、成獣が産んだ幼獣が解決してくれた。シマフクロウへの逃避反応は、フクロウへの逃避反応よりずっと弱いのだ。

成獣の実験で生まれた課題を、成獣が産んだ幼獣が解決してくれた……みたいな。

すばらしい。

＊　＊　＊

数年前のある日、ある高等学校の副校長先生から、ある依頼があった。

その高校で行なっている「著名人に聞く」という講演会で話をしてもらえないだろうか、というのだ。

副校長先生と担当の先生とが研究室にも来られた。**どうも断るわけにもいかない**。でも、私に、ほんとうの意味で高校生のためになるような話ができるだろうか。ちょっと困った。なんでも、前回は東京オリンピックのヘッドコーチの方が話をされたという。そりゃあ、よい話をされただろう。

副校長先生が言われた。

「これまで先生がたどってこられた日々のこと、今、探求されていることなどを話していただければ」

まー、そういうことを高校生のみんなに聞かせてあげたいという気持ちはよくわかった。しかし、いくら私の研究が、高価な機器を使わない、シマリスやアカハライモリやコウモリやモモンガ（そしてヒト）といった親しみやすい野生動物（私はヒトを野生動物として見ることが多い）の行動を対象にした研究だからと言ったって、**テーマの底を流れる内容**は結構深いものがあるのだ。高校生には理解できないことだってたくさんあるはずだ。役職の仕事で忙しいなかでもなんとか時間をつくってやっているのだが、研究が、深いところでうまくいかず苦しんでいることだってあるのだ。しかし、**うわべだけのわかりやすい話をしても心に響かないだろう**。深いところも含んだ話を長々としても、うわべだけの話を長々としても、高校生のみんなは退屈するにちがいない。

私はいろいろ考え、作戦を練った。そして、私にとってはとてもとても不本意なことであるが、自慢話をすることにした。これまで私がたどってきた研究を中心とした足跡に関する自慢話だ。ただし、自慢話と言っても真実の話だ。ただ、そういう、結果的に自分のことを自慢するようなことになってしまう話が私にはなんだか抵抗感があるということだ（まー、それを言えば誰でもそうだろうが、私が人並み以上に謙虚だということだ）。

でも今回は、それをやるしかない。これまで私が体験した、海外（アメリカやスウェーデンやドイツやイギリス）や日本の著名な研究者たちに何度も助けられた話もしなければなるまい。その人たちが私の論文を見つけてくださりすくい上げてくださったのだ（すでに自慢話に入っている気がするが、なにやら筆がすすむ。話が違う）。そして、そのなかに、「シマフクロウは北海道に生息し本州には生息しない。ニホンモモンガは本州・四国・九州だけに生息し北海道には生息しない。シマフクロウの鳴き声へのニホンモモンガの反応は？」ともつながる、**リス類と捕食者との生息地域が関係した行動の違い**を私に教えてくださった（というか一緒にフィールドワークに行って作業をした）研究者もいるのだ。

そんな経験をしゃべれば、少なくとも「これまで先生がたどってこられた日々のこと」を話すことになり、なにか元気を感じる高校生もいるかもしれないではないか。

こうして後回しにしていた講演のタイトルを伝えなければならない締め切り間近になって湧いてきたコピーは、………

「動物行動学者になりたくて」

だった。

そのなかには、私が若き日に力を注いだシベリアシマリスの研究の話や、ジュウシマツの話、そしてヒトの話が出てくる（最近取り組んでいるニホンモモンガや洞窟性コウモリなどの話は、時間の関係で入れることができないので除外することにした）。

それらの研究のなかで、というより、それらの話の中心に、〝著名な研究者たちから受けた励まし〟が入り、また一方で、私のことが掲載された新聞（最近はＳＮＳニュースも）や雑誌をはじめとしたメディアの話も入れた。というのも、それらのなかで、私の肩書は少しずつ変化し、「（公立）鳥取環境大学教授」から「動物行動学者」と書かれるようになったときまでのことについて話したかったからだ。

そんな組み立ても考えて、タイトルを「動物行動学者になりたくて」としたのだ。

では〝自慢話〟、いくよ。

一つ目。

私が岡山大学の研究生だったころのことだ。私は、「シマリスが、彼らの捕食者であるヘビのニオイ（体表や糞尿、脱皮殻、肛門分泌腺などからの化学物質）を自分の体に塗りつけること」、そして「ヘビのニオイを体につけたシマリスはヘビに襲われにくくなること」を発見した（それは世界ではじめての発見だった）。

シマリスが生息する韓国にも行き、山中で、巣穴を中心に縄張りをもつ単独性で、ほかの個体を見つけると追い払うシマリスが、二匹、同じ場所で、私が麻酔をかけて置いたヘビからかじりとった皮膚を一心不乱に体に塗りつける場面も目撃した。それはよそ者を追い出すより大事なことであり、他個体の縄張りに入ってでも行ないたいことなのだろう。

当時、京都大学におられた「日本の動物行動学の父」というべき日高敏隆先生は、とても興味をもってくださり、SSA（Snake-Scent Application：ヘビ臭塗りつけ行動）と名づけてくださった。この行動を学会で発表したとき（当時は今のようなポスターを使っての発表はなく、ほとんどは、壇上に上がっての口頭発表だったが）、私の発表が終わると**会場から拍手が起こった**。少なくとも日本の学会発表では異例のことだった。その後、アメリカでの国際学会でも発表したがやはり会場から拍手が起こった。大変だったけどほんとによかったと思った。うれしかった。

発表と並行して論文の準備もした。

リス類の捕食者防衛行動で有名な米カリフォルニア大学デイビス校の**オーウィングス教授**に

内容の概略を手紙で送り、感想と、投稿に適した国際雑誌について聞いてみた。

　オーウィングス教授は大変褒めてくれ、動物行動学の分野でよく知られた雑誌を勧めてくれた。


　ちなみに、私は当時、研究者としては純粋（事情をよく知らない）で、あとで先輩に話したら「よくそんなことをして相手にテーマを取られなかったなー」と言われた。そう、研究の世界でもアイデアやテーマの〝盗難〟はしばしば問題となっており、（真理を探究する）研究者だから品行方正などということはないのだ。

　でも、幸いにも、カリフォルニア大学デイビス校の動物行動学チームを束ねていたオーウィングス教授は、大御所であり、**ナイスガイだった**。その後、私も、短期間ではあったが、彼のフィールドワークに参加することになった。私が研究室を訪ねたときは、自宅に泊めてくれ、家族と一緒にメキシコ料理を食べに連れていってくれた。

　突然手紙をよこした日本の若い研究者に対して丁寧に、親切に対応してくれたのだ。忙しかっただろうに、今考えるとなんと失礼なことをしたのかと冷や汗が出る。

もちろん私は、オーウィングス教授がくれたアドバイスも取りこみ、教授が勧めてくれた雑誌に投稿すべく、投稿要領などを読み英語と格闘し、岡山大学の先生にもお世話になりながらやっと原稿を書き終えた。

選考に通ってくれと**祈るような思いで**郵便局に持っていった（その雑誌の選考を通るのは投稿原稿の三〇パーセント以下と言われていた）。

一般的にある程度以上の権威のある雑誌では、原稿は以下のように扱われる。

①編集長のもとに届く↓②編集長は内容をざっと見て内容の評価を正しく下せる可能性が高い研究者を三人ほど選び出し原稿の著者名は伏せて原稿を送り評価を求める（この過程を「査読」と呼び、掲載してよいかどうかの選考を行なう研究者を「査読者」と呼ぶ）↓③査読者から評価が編集長に返され、集まった評価をもとに編集長は、「受理」か、「条件つき受理」（直すべきところを直せば受理する）か、「不受理」かを決め、原稿の投稿者に連絡する↓④「条件つき受理」の場合は、投稿者はたいていの場合、受理に向けて原稿を修正する。

で、私の原稿はどうだったか？

私の研究の原稿は**異例の展開**を見せた。

三人の査読者のうち二人は、研究自体はとても価値があるが（ほんとうにそういう批評だったのだ）、論文の構成や文章が不十分で、大きな書き直しが必要だとして、今回は「不受理」という意見だった。「条件つき受理」に手が届いていない、というわけだ。ところが、異例だったのは、**もう一人の査読者の行動**だ。その査読者は、「編集長に許可をとり、あなたの論文の文章の改善の手助けをしたいのですが、どうですか」といった内容の手紙をくれたのだ。

何が異例かというと、査読者は原稿の投稿者に名前を明かしてはならない、というのが当時の当然の決まりごとだったのだ。内々で不適切なやりとりがあってはならない、というのが、おそらくその理由だろう。ところがその査読者は、編集長にそんな大胆な提案をし、承諾を得て実行に移してくれたわけだ（後々わかるのだが、その査読者は、若いけれど、国際化学生態学会の重要な役職も担っていたテキサス大学の教授で、ヘビなどの爬虫類の行動が専門だった。ウェルドンという名前だった）。ここだけの話だが、それだけ私の論文は価値があったというわけだ（ろう。きっと）。

それからウェルドン教授による厳しい論文の添削がはじまった。**何回、原稿のやりとりをしたことか**。今でも一つはっきり覚えているのは、ウェルドン教授の指示により私が懸命に考えて直した文章の部分に、赤字で「Excellent!!」と書かれた原稿が（ほかの部分のさらなる指摘も記されて）返ってきたことだ。ウェルドン教授の添削→修正、添削→修正、の繰り返しのおかげで、私の英語力は向上したと思う。よくもまー、貴重な時間を割いて私の原稿を丁寧に見てくださったものだと感謝の念に堪えない。

　このあとお話しするが、スウェーデンの新進気鋭の動物行動学者も、また別の論文で、添削と適した国際雑誌への掲載への道を開いてくれた。

　長年、動物行動学をやっていて（そのころはすでに子育てに移行していたが）研究や雑誌掲載の内幕をよく知っていた妻は「**あなたはほんとうにラッキーな人ね**。普通そんなことは起き

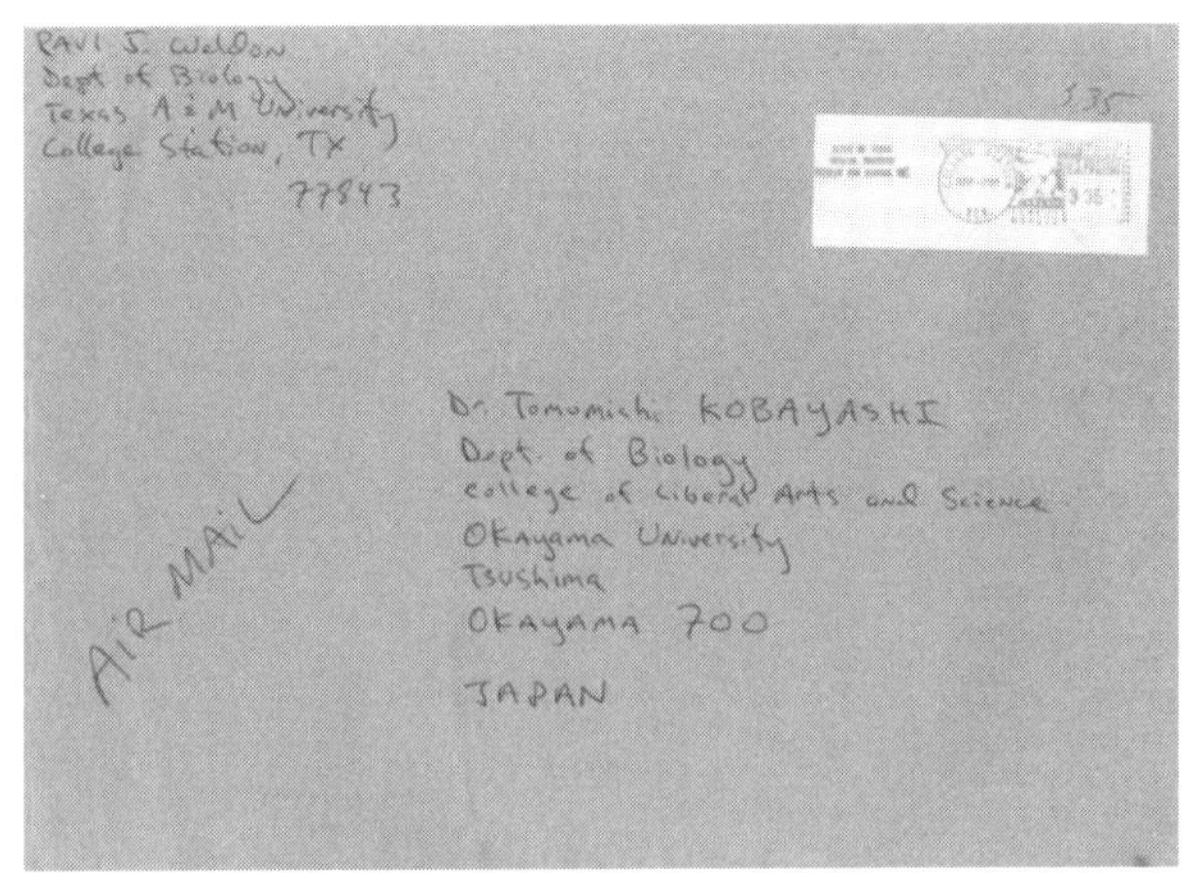

ウェルドン教授が私の原稿を添削して送ってくれたもののなかの一つ。私の修正に対しExcellent!!と記してあったのでうれしくて今でも持っている

ないわよ」みたいなことを言った。

やがて、ウェルドン教授の添削も終わりに近づいたころ、教授は、その原稿を別の雑誌に送るように提案してくれた。その雑誌というのは、当時、動物行動学では最も権威があった*Zeitschrift für Tierpsychologie*（現在は*Ethology*）というドイツの雑誌（もちろん国際雑誌だ）で、**日本人で掲載された研究者はそれまで一人もいなかった**。

ウェルドン教授の師匠であるブルグハルトという、これまたヘビを中心にした爬虫類の権威がその雑誌の編集長をしているから、彼のところへ送ったらいい、と勧めてくれたのだ。

もちろん私は喜んでそうすることにした。オ

ウェルドン教授の提案で投稿することになった、動物行動学で最も権威のあった国際雑誌*Zeitschrift für Tierpsychologie*の編集長から「受理」との返事があった忘れられない書簡

ーウィングス教授が勧めてくれた雑誌とは違ってくるが、*Zeitschrift für Tierpsychologie*の魅力はとても大きかった。

原稿はウェルドン教授の添削を受けてしっかりしたものになっていた。おそらく編集長のブルグハルト教授にはウェルドン教授から連絡がいっていたのではないかと思う。投稿すると、話はとんとん拍子に進み、やがて、**完全に受理します、という返事**が郵送されてきた。それはうれしかった。

二つ目。

私が高校の教員をしていたときの話だ。

話は少々ややこしくなるが、当時、動物行動学のなかで盛り上がりを見せていたテーマの一つに「雌による雄の選択」（たいていの動物で、配偶個体の選択では、雄が雌に積極的に求愛し、雌が求愛してくる雄のなかから、なんらかの特性を目安に相手を選ぶ現象）があり、そのなかでも「雌はなぜ、体の模様（たとえば鳥類の飾り羽の模様など）が**左右対称の雄を選ぶ**のか」という問題が注目を浴びていた（多くの鳥類や一部の昆虫類などでそういった現象が見つかっていた）。そして、この問いに対する最も有力な説と考えられていたのは、「ダニなどの、病原体を媒介する寄生虫に対して免疫などによる抵抗性がない雄は、体の模様が左右非対称になる傾向がある。つまり、逆に言うと、抵抗性があって病気になりにくい雄は、左右対称になりやすい。雌は、病気になりにくく丈夫な雄と交尾したほうが、自分の子どもも丈夫になる可能性が高いので、体の模様が左右対称により近い雄を選ぶのだろう」というものだった。

一方、私は、高校の生物の教員をしながら（高校教員は高校教員として一生懸命、仕事をした）動物や、動物のなかでもひときわ変わった特性を有したヒトという種の行動や心理について、本業の仕事の合間に取り組んでいた（生物の教員と研究はとても相性がよいのだ）。

そのなかで、ヒトにおいて特に発達した心理の一つと考えられた「美」という感覚に関して、その生物学的・動物行動学的正体は何なのか追求したいと思っていた。そうなると、ヒト以外の動物では「美」という感覚はあるのか、あるのなら**彼らの生存・繁殖にどんな利益をもたらしているのか**、……………まー、当然、そういうことも考える。

その後、私が行なったヒトや動物を対象とした一連の実験や考察については話が長くなるので省略するが、一つだけ、九官鳥を対象にした実験についてお話しししたい。研究結果の論文に関して、スウェーデンの新進気鋭の動物行動学者、マグナス・エンクエスト教授に応援してもらったものなので。

おおざっぱに言うと、話は次のように整理できる。

①クジャク（正確にはインドクジャク）は、繁殖期には、雄が、その長くて多数の目玉模様がある尾羽（正確には、上尾筒（じょうびとう）という、尾羽のつけ根の上側を覆う羽が変化した羽）を、雌の前で大きく広げて震わせ、見せびらかすといった感じで求愛する。

②雌が、どんな特性をもった雄を配偶個体として選ぶかを調査した結果、「目玉模様の配置が左右対称により近く、目玉の数がより多い尾羽」の雄を選びやすいことがわかった。

③また、ヒト以外の動物（霊長類や鳥類）がどんなデザインを好むかを調べ、動物の「美」感覚について調べようとした研究をまとめた本を読むと、実験の対象になった霊長類や鳥類が、左右

実験に使用した図形（Rensch, B. 1958の図をもとに作成）。左右対称な図形と左右非対称な図形が並んでいる。九官鳥は、左右対称な図形のほうへ近寄っていった

対称により近いデザインを好むことが記されていた。

④**ここからが私の実験だ**。まず、前ページの図のように、左右対称な図形と、その基本構造は同じだが左右非対称の図形（すべて同形の厚紙に貼りつける）を八ペアー用意し、一ペアーずつ並べて、九官鳥のケージのなかに置いた。両方を同時に見せるのだ。それらに対する九官鳥の反応ははっきりしていた。**左右対称な図形のほうへ近寄っていく**のだ。③の研究結果と同じになった。

⑤次に、インドクジャクが広ーーーい野外で飼われていた小豆島（しょうどしま）の孔雀園（二〇〇八年に閉園してしまった）に行って、「目玉模様の配置が左右対称により近い」羽を広げて雌に求愛している雄の尾羽と、「目玉模様の配置が左右対称からかなりずれた」羽を広げて雌に求愛している雄の尾羽の写真を撮ってきて、九官鳥のケージの、ある場所に並べて置いた。すると九官鳥は、「目玉模様の配置が左右対称により近い」羽の写真に近づいていくという安定した結果が得られたのだ。

以上のような結果を受けて、私は、**次のような可能性**に目を向けざるをえなくなった。

クジャクの雌が「目玉模様の配置が左右対称により近い」羽の雄をより好むのは、必ずしも、当時、ほぼ定説のように思われていた「ダニなどの、病原体を媒介する寄生虫に対して免疫などによる抵抗性がない雄は、体の模様が左右非対称になる傾向がある。つまり、逆に言うと、抵抗性があって病気になりにくい雄は、左右対称になりやすい。雌は、病気になりにくく丈夫な雄と交尾したほうが、自分の子どもも丈夫になる可能性が高いので、体の模様が左右対称により近い雄を選ぶ」という理由ではなく、もっと単純な「多くの鳥に共通した、左右対称により近いデザインに惹かれる」という理由で説明できるのではないか。

これらの結果と考察をどこかで公表したいと考えた私は、

クジャクの雌が「目玉模様の配置が左右対称により近い」羽の雄をより好むという事実は、多くの鳥に共通する「左右対称により近いデザインに惹かれる」という理由で説明できるのではないか

まずはその価値の有無についてそういったテーマをまさに探っている研究者に直接聞いてみようと思った。実力のある研究者に。

私にはあてがあった。それが先に言及した「スウェーデンの新進気鋭の動物行動学者」、**エンクエスト教授**その人である。

エンクエスト教授は動物の行動に関する問題を数理シミュレーションも多用しながら研究する人物で、「美」の認知に関しても論文を発表しており、科学界全体でのトップと言ってもよい学術雑誌「ネイチャー」に、いくつもの論文が掲載されていた。

少し迷わなかったわけでもないが（研究手法を盗まれるかもしれないといった危惧ではなく、失礼かもしれないという思いだ）、まー、送ってみよう、みたいなノリで、ほぼ論文に仕上げた原稿を送ってみた。

そしたら返事がすぐ来たので（今のようなメールはなかった。郵便でだ）驚き、なかの文章を読んで**もっと驚いた**。

大変よい評価がなされており、ネイチャーに送るように勧めてくれたのだ。何カ所か添削もしてくださっていた。

エンクエスト教授曰く、「私がシミュレーションで予測していることが実際の動物で示されている」のだそうだ。もちろん私は勇んでネイチャーが指定する様式に直し投稿した。

返事は……まー、**そんなにうまくはいかない**。そう、「不受理」である。返信にいろいろ書いてあったが内容は忘れた。

それをエンクエスト教授に伝えると、教授は、はっきりこう書いてきてくれた。「ネイチャーが間違っている」（このあたりから、私の記憶ではメールでのやりとりになっていたような気がする）。そして、「まずは、私が編集長をしている**スウェーデンの雑誌**（インターナショナルな雑誌と書いてあったと思う。つまり国際的な、ということだろうと私は解釈した）に投稿してはどうか」という趣旨の内容が書かれていた。

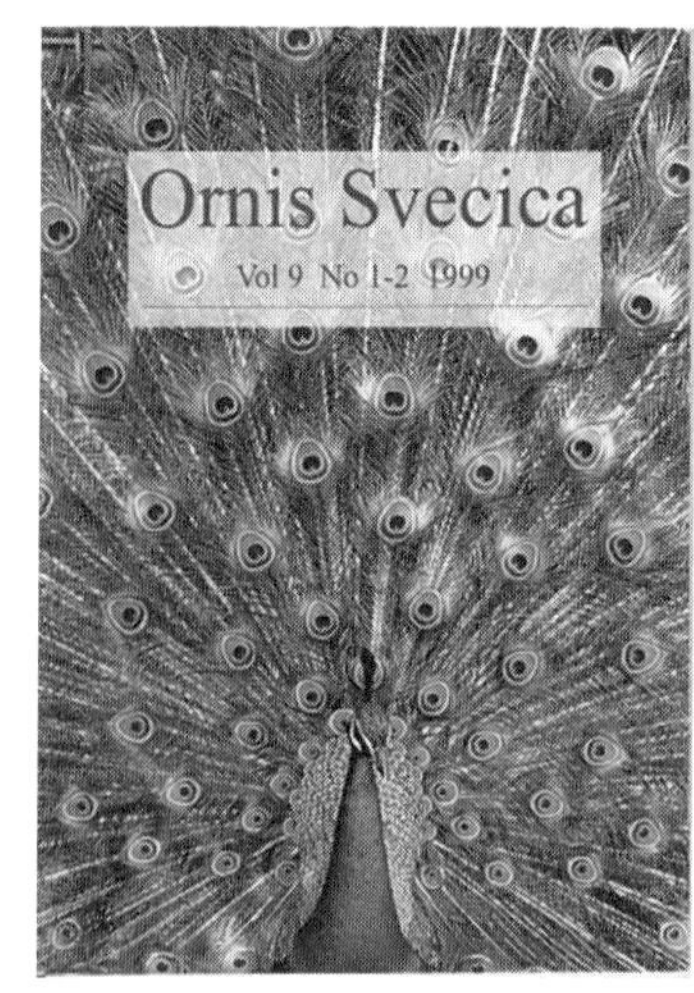

エンクエスト教授が編集長をしていたスウェーデンの雑誌にて、私の九官鳥を対象にした研究は日の目を見た。雑誌の表紙には、私が実験で使ったクジャクの尾羽写真が使われていた

かくして、私の九官鳥を対象にした研究は日の目を見たのだ。掲載雑誌が送られてきて驚いたのは、私が実験で使ったクジャクの尾羽写真が**雑誌の表紙になっていた**ことだ。うれしかった。

三つ目。

自慢話は続く。そろそろ飽きたかな？とも思ったが、高校生たちはしっかり聞いてくれているように見えたので安心して話した。

三つ目の話は、いろいろ考えて、意表をついて、**ヒトそのものについての研究**を一つ紹介することにしていた。

紹介した論文の内容は、こういうものだった。

「なぜ、世界中のすべての地域の人々の間で共通して、木村拓哉やトム・クルーズのような顔が、ハンサムな顔と認知されるのか」（細かく言えばいろいろだろうが、たとえば、それぞれの地域でランダムに選ばれた二〇歳から四〇歳くらいまでの一〇〇〇人の男性のなかに、木村拓哉やトム・クルーズのような顔の男性がいれば、彼らはどこの地域でも上位一〇〇人のなかに選ばれる可能性はとても高い。女性についても美人と認知される顔は大まかには、すべての

地域で共通している。そういった顔は、世界中、つまり世界五大陸のすべてでヒットする映画の多くのなかに見ることができる）

これにはなにか理由があるはずだ。

私がアンケート実験も行なって有力な仮説として提示したのは、大まかには次のようなものだった。

「一つの種が進化的に誕生する過程では、たいていの場合、新しく出現しはじめた、**それまでの種（祖先種）とは異なった形質**に性的な魅力を感じる認知特性が生じる。ホモ・サピエンスの場合、祖先種の顔とは異なったホモ・サピエンスに独特の顔の特性（完全な直立が可能にしたスレンダーで退縮した口元など）を魅力的な顔として認知するようになり、それがイケメン、イケジョの顔の特性を決めることになった」

ここでは細かい内容は書けないが、日本の動物行動学会の英文雑誌に投稿したとき、査読者になってくれたのは、動物行動学の父と言われる（前述の）コンラート・ローレンツの一番弟子であり、動物行動学をヒトに応用した学問（ヒューマン・エソロジー）の生みの親といっても過言ではないオーストリアの動物行動学者**アイブル＝アイベスフェルト**だった。私の、多少粗削りの論文が受理されたのは、アイブル＝アイベスフェルト教授が強く支持してくれたからだと、後に編集長から聞いた。

その論文に価値があることは、その論文の別刷り（今のように電子媒体で論文が手に入る時代ではなかったので、雑誌のなかのそれぞれの論文は、〝別刷り〟といって、その論文だけが冊子になったものが用意されて著者に渡され、著者はそれを、〝別刷り請求〟を送ってきた世界中の研究者に送っていた）の請求が、世界中から六〇〇通ほど来たことからもうかがい知れる……と思うのだが。**六〇〇通**は、かなり多い。

論文の原稿が受理されたことを知らせる結果が当時勤めていた高校に届いた日、一日の仕事がやっと一段落して、ドキドキしながら封筒を開けた。中身を読んだときはとてもうれしかった。理科室の自分の席で「うれしい」とつぶやいたのを覚えている（ほんとうだ）。仕事をしていればいろいろ大変なことがある。へこんでいた自分の気持ちがちょっと明るくなったのを覚えているのだ。

四つ目。

やがて私は大学に教員として勤めることになり、大学では、もちろん私の興味を優先させたが、大学（鳥取環境大学）の特性も考えて対象動物を増やしていった。

絶滅危惧種のナガレホトケドジョウやスナヤツメ、アカハライモリ、洞窟性コウモリ、そしてニホンモモンガである。動物行動学の視点から習性を調べ、同時に、彼らの生息地の保全を考え、提案し、実践した。そのころの研究者は「提案」までは行なっていたが、「実践」まで行なっていた例はほとんどなかった。「実践」は、私が意識して頑張ったことである。**「実践」までやらなければ変化は起きない**。結局、野生生物の保全にはつながらない、と思ったからだ。今もそう思っているし、また実践してみて、提案とはまったく違う難しさ、次元があることがわかった。

研究する時間は増え、対象とする野生動物を調べるなかで、いろいろな野生生物とふれあうことになり充実した時間を過ごすことはできた。体験や文献などによる知識は増えていった。ただ、私はそういった**知識より（あるいは、それと同じくらい）大切なものがある**と思っている。それは、感性である。その生物の名前は知らないが、また詳しい生態は知らないが、たとえば、その生物や、その生物を囲む生物や光、水、空気とのやりとりについての直感的な認知である。私はその認知を、幼年、少年時代の、自然豊かな故郷での毎日の野生生物（正式な名前など憶えなかった）と接しながら暮らす体験のなかで活性化させたと思っている。生物について頭でっかちに物知りな学生を見ると、**感性を磨けよ**、と偉そうに思ってしまう。それは私が間違っている部分もあるが、きっと的を射ている部分もあると思う。こういった大学での教育・研究生活を送る一方で、大きな問題もひたひたと姿を見せはじめた。

鳥取環境大学は「公設民営」（県や市がつくり、運営は民間が行なうという形態。実質的には私立大学）の大学として出発したのだが、志願者をめぐる大学間の競合のなかで、地方の小さな私立大学は大きな波にもまれ、沈没の可能性も出てきたのだ。

そのころ学科長をしていて、「専門分野で、高校生に魅力を感じさせる、自分が得意なことをやろう」と先生方に呼びかけ、言い出しっぺの私は本を書くことにした。**その本が**、今、シリーズになっている「先生！シリーズ」の第一巻だ。この本で一八巻目になる。

私は先生！シリーズを書き出す前に（高校教員をしているとき）、一冊の本を書いていた。『通勤電車の人間行動学』（創流出版、一九九九）というタイトルで、ヒトの行動や心理について、動物行動学の視点から書いた本だった。そして、大学に移ってからも、先生！シリーズと並行して、**ヒトの行動・心理**に関する動物行動学の本を書いていった。

リレーおぴにおん

日本のにおい 14

ヘビ臭なすりつけるリス

肩に乗っているのはニホンモモンガ

公立鳥取環境大学教授 小林 朋道さん

1958年生まれ。同大環境学部長。専門は動物行動学。著書に「森の人間動物行動学」シリーズや「ヒトの脳にはクセがある」など。

哺乳類にとって嗅覚は、危険の察知、仲間とのコミュニケーションなど非常に大きな役割を果たしています。ただ、それだけに嗅覚の世界は奥が深く、観察や研究にも難しさがあります。私が貴重な発見の現場に出くわしたのも、たまたまの機会でした。

30年以上前、韓国の山の中でのことです。私は当時、シマリスが、捕食者であるヘビに対してとる「モビング」（逃げずに一定の距離を保って警戒する行動）を調べていて、シマリスが数多く生息する地域を訪れていました。

ヘビを麻酔で動けなくして地面に置くと、シマリスが接近し、驚くような行動をとりました。ヘビの頭をかじり、噛みほぐした後、自分の体になすりつけ始めたのです。皮膚をかじっては体になすりつけて30分以上。2匹目も同様の行動を繰り返しました。

捕食者であるヘビのにおいを体につけることで、ヘビからの攻撃を避ける防御行動ではないか。そんな仮説を立ててその後研究を続け、さまざまな事実が明らかになりました。

ヘビの体以外にも、その糞尿や脱皮殻をかじってにおいを体につけること、シマリスを餌にする種のヘビはヘビのにおいがついた個体への攻撃をためらうこと、巣穴から出るようになった直後の子供もすることなどです。

英語の論文を発表するにあたり、京都大学の故日高敏隆先生がこの行動をSSA（Snake－Scent Application、ヘビ臭塗り付け行動）と名付けてくださいました。

米国テキサス州にある大学で開かれた国際学会で発表すると、会場から拍手が起きました。英語の論文は注目され、欧米で出版された本にもこの防御行動が紹介されました。ただその後、SSAが世界で幅広く確認されたわけではありません。2007年の朝日新聞に、カリフォルニア大学でヘビの皮をかじるジリスの「擬臭」を確認したとの報道がありましたが、SSAを行うことが確認されたのは、中国の野ネズミとあわせて現在3種のみです。

私は今、モモンガとコウモリの嗅覚に関する行動を調べていますが「においが見える画期的な眼鏡」でも発明されないかな、と思うこともあります。

（聞き手・中島鉄郎）

（上）朝日新聞2021年3月30日付の記事。肩書は「公立鳥取環境大学教授」となっている

野ネズミとドングリ

島田 卓哉著

生き物の謎解く圧巻の研究

野ネズミとドングリ

島田卓哉

（東京大学出版会・3740円）

しまだ・たくや 67年東京生まれ。動物生態学者。共編著に『生きものの数の不思議を解き明かす』。分担執筆に『日本のネズミ』など。

外のアカネズミたちはタンニンを含むコナラなどのドングリを、冬期の餌として貯蔵し実際に利用しているのかという疑問がわく。そしてそれを説明する4つの仮説を考える。①貯食番抜き説、②食い合わせ説、③土食い解毒説、④順化説。これらの仮説を順番に一つ一つ検証していき……という話なら科学研究のお手本のようになるのだが実際の研究ではそうはならない（そこがまたいいのだ）。

ある仮説の検証実験をやっている時、別な仮説の可能性が期せずして消えてしまったり……、結局著者は、貯蔵番抜き仮説に期待するのだが実験で反証され、そうこうしているうちに②と③の可能性が低いことに気づき、④の仮説が見事に実証される。その間、実験のために新しい技術を習得したり、新しい実験装置を考案したり、さらには、本筋とは異なる新しい発見（例えば細菌の新種）をする。研究を通して多くの人と出会い助けられ……。

さて、終わりの3分の1では、前半で突き止めたタンニンへの防御機構が、野外でのアカネズミ等の野ネズミの個体数変動などに深く関わっていることが明らかにされていく。まだ多くの問題を残しているとはいえ、最終章は圧巻である。生物学のいろいろな階層の研究テーマと研究の面白さを、著者のひらめきや大変な努力の描写とともに分かりやすい文章で伝えてくれる。

（評）動物行動学者 小林 朋道

（左）日経新聞2022年3月19日付の記事。肩書が「動物行動学者」になった

先生！シリーズの本もヒトについての本も、メディア（新聞や雑誌、テレビやラジオなど）に取り上げられることが増えていったが、紹介されるときの肩書は、「（公立）鳥取環境大学教授」だった。

そして、二〇二二年の日経新聞で、ほかの研究者が書いた本の書評を頼まれ書いたのだが、担当の記者さんは、私の肩書を「動物行動学者」とされた。

ここまで、高校生たちに話をして、「動物行動学者になりたくて」というタイトルで講演会に臨んだ私は、「静かに、熱心に聞いてくれてありがとう。**これで私の話を終わります**」と言ったのだ（コウコウノセイトタチヤ、センセイガタハ、ドウオモワレタカワカラナイガ、ワタシハソレナリニナットクデキルハナシガデキタトオモッタ。ジマンガオオクテキョウシュクダッタガ）。

さて、**最後にもう一つ**、講演のなかでしゃべった自慢話を紹介して本章を終わりにしたい。

本章のネタ「シマフクロウは北海道に生息し本州には生息しない。ニホンモモンガは本州・四国・九州だけに生息し北海道には生息しない。シマフクロウの鳴き声へのニホンモモンガの反応は?」ともつながる、リス類と捕食者との生息地域が関係した行動の違いを私に教え、フィールドワークにも参加させてくださった、前述のオーウィングス教授との交流の話だ。

私の「シベリアシマリスのSSA」に興味をもってくださったオーウィングス教授と直接、はじめて会ったのは、アメリカでの国際学会のときだった。

教授は、私がアメリカに来ると聞いて、少し長めに滞在して、当時オーウィングス教授がリーダーになって数人の教員や大学院生たちと取り組んでいた「カリフォルニアジリスのガラガラヘビをはじめとしたヘビに対する防衛行動のシステム」の**フィールドワークに参加しないか**、と提案してくださったのだ。宿泊先は自分(オーウィングス教授)の自宅でいい、とも言ってくださった。

それまでずっと手紙のやりとりだったのだが、なんだろう、**そこまで信頼してくれる**というのは、私の手紙の文章のなかに、隠しても隠しきれない私の、なんというか人柄というか、まーそういったものがにじみ出ていたのだろう(こんなことまでは高校生には言わなかったが)。

何便か乗りついでカリフォルニアに着き、そこからバスでデイビスまで行ったのだが、オーウィングス教授は、バス停で辛抱強く待っていてくださり、自宅に行くときれいな奥さんとかわいい息子さんが迎えてくれた。大きな家の一室には、大きなケージが、壁にはめこむように設置してあり、なかには何羽かの小鳥がいた。息子さんが大の鳥好きなのだという。

奥さんはいろいろと気を使って話しかけてくれ、調査に行くときは、早朝に起きて美味しいサンドイッチなどをたくさんつくってくださった。

調査では、参加したメンバーはみんな、カウボーイが脚につける脚絆のようなものを装着した。猛毒のガラガラヘビに不意に噛まれる危険性を考えてのことだという。

実験室から連れてきた数種のガラガラヘビを、首のところに針金の首輪をつけて、針金の一方をある地点に固定した。ガラガラヘビはその地点から移動はできないが、その場で、自然な行動ができた。そうしておいて、カリフォルニアジリスが**そのガラガラヘビに出合ってどんな行動をするか**を映像に収めるのだ。

ガラガラヘビに、モビングと呼ばれる行動（捕食者のまわりに、ある距離を保ってとどまり、鳴いたり、砂をかけたり、尾を被って左右に振ったり、フット・スタンピングを行なったり、つまり、他個体への情報伝達と、対象捕食者への威嚇を担う行動）を行なうカリフォルニアジリスを見ながら、オーウィングス教授は、私に、それぞれの行動についてどう思うか？ **シベリアシマリスの場合とどう違うか？** といった質問をして、共同研究者のような扱いをしてくれた。

さて、先ほど、「シマフクロウは北海道に生息し本州には生息しない。ニホンモモンガは本州・四国・九州だけに生息し北海道には生息しない。シマフクロウの鳴き声へのニホンモモンガの反応は？」ともつながる……と書いたのは、カリフォルニアジリスの**次のような現象**を調べる実験を行なったことを念頭に置いたものだった。

カリフォルニア州にはガラガラヘビなどの毒ヘビが生息していない地域（デイビス周辺）と、数種のガラガラヘビが生息しておりカリフォルニアジリスを餌にしていることが知られている地域（サンディエゴ周辺）がある。そして、デイビス周辺のカリフォルニアジリスと、サンディエゴ周辺のカリフォルニアジリスの間では、**交流はない可能性が高い**というのだ。

とすれば、進化論的に考えて、「デイビス」カリフォルニアジリスのヘビに対する反応と、「サンディエゴ」カリフォルニアジリスのヘビに対する反応とは異なってくるはずだ。具体的には、「デイビス」カリフォルニアジリスはガラガラヘビを含めたヘビに対し、接近して攻撃するようなモビング行動は、「サンディエゴ」カリフォルニアジリスよりも控えるだろう。成獣も、生まれてからまったくヘビに出合ったことがないような幼獣もである。

そんな仮説を検証するための実験を野外や実験室で行なっていたのである。

私は、その発想が「面白い」と思った。数日、いろいろ考察しながら連続で行なった実験作業も面白かった。

ただし、私が研究していたシベリアシマリスでは、そういった状況の個体群は存在しなかったので、日本でもやってみよう、ということにはならなかった。

そして、ニホンモモンガである。

複数の個体群がいなくてもよいのだ。「シマフクロウは北海道に生息し本州には生息しない。ニホンモモンガは本州・四国・九州だけに生息し北海道には生息しない。シマフクロウの鳴き声へのニホンモモンガの反応は?」

　これはまさに、ガラガラヘビをはじめとした毒ヘビが生息しない地域に生息する「デイビス」カリフォルニアジリスが、ガラガラヘビなどにどう反応するか、という進化的現象の問題と同じなのだ。

　繰り返しになるが、進化理論を基盤に置いて推察すると、ニホンモモンガは、シマフクロウの鳴き声には逃避反応を示さないはずである。なぜなら、逃避反応をとることはエネルギーを使うことである。だから、捕食者にはなりえない動物(の鳴き声)に対して逃避反応をとることは**エネルギーの無駄**なのだ。

進化の観点から考えれば、ニホンモモンガはシマフクロウの鳴き声には逃避反応を示さないはずである。成獣はシマフクロウにも逃避反応を示したが、幼獣が「シマフクロウへの逃避反応は、フクロウへの逃避反応よりずっと弱い」(進化理論の予想に合致する)という結果を示してくれた

そして、成獣は「シマフクロウにも逃避反応を起こす」ことを示したが（その結果は一見、進化理論の予想とは違っていたが）、幼獣が示してくれた結果は、「シマフクロウへの逃避反応は、**フクロウへの逃避反応よりずっと弱い**」（進化理論の予想に合致する）という結果だったということだ。

成獣の実験で生まれた課題を、成獣が産んだ幼獣が解決してくれた……みたいな、ね。

野球部の部員がヒバリのヒナを助けた話

彼らのチーム名はSKYLARKSだった

七月の半ば、**日光が容赦なく照りつける日曜日の昼時だった**。

仕事に勤しんでいる私の研究室のドアをノックする音がした、気がした。

いつもそうだが、私はドアとは反対側の、ヤギの放牧場が見える大きな窓がある側に置いた机に向かって座っているので、ドアのノックの音が聞き取りにくいのだ。

〝気がした〟ので、ドアのほうを振り返ると、もう一度、今度は、大きめの音でドアがノックされた。

私が、「どうぞ」と大きめの声で言うと、入ってきたのは、**野球部の部員**とすぐわかる男子だった。

彼は、私の顔を見ると次のようなことを話しはじめた。

「お忙しいところすみません（礼儀正しいのだ）。グラウンドの端の地面に巣があって、鳥のヒナがいるんですが、周りに日陰をつくるものが何もなくて**直射日光で元気がなくなっているようです**。このままだと死んでしまうと思うんです。親も見当たりません。なんとかならないでしょうか」

もちろん私くらいの動物行動学者になると、その鳥の種類もわかるし、親が、ヒナたちがいる巣を離れている理由もわかる。しかし、わからないこともあった。………「なんで、〝周りに日陰をつくるものが何もない〟ところに巣はつくられたのか？」

彼らが言うには、野球の練習をしていて、外野に転がったボールを探していて偶然見つけたらしい。

私は彼の話を聞いて、そんなヒナを見つけてなんとかしてやろうと思った気持ちがうれしかった。**さすが、本学の学生だと思った**。

さらに、小林に知らせたらなんとかしてくれるかもしれない、と思ってくれた気持ちもうれしかった。おそらく練習中の何人かの部員たちで話をしてそういうことになったのだろう。

「よし、行こう」。私はそう言って仕事を放って研究室を出た。

部員に案内してもらって現場についた私は、半分〝予想どおり〟と感じ、半分驚いた。

大まかな特徴としては、そこはヒバリ（直射日光を浴びていたヒナたちがヒバリのヒナであることは最初、話を聞いたときからわかっていた）が営巣することが納得できる場所ではあった……つまり、開けていて草が生えている平地の地面である（ヒバリはそういったところに巣をつくり、番（つがい）の雄は、高く舞い上がり、大きな声で囀（さえず）るのだ）。

驚きだったのは、**巣のまわりの草の状態**だ。

あまりにも〝荒野〟すぎた。

通常、ヒバリが営巣するのは、地面一帯を覆うくらいの草がある平地であり、それらの草の間に、隠されるようにして巣はつくられるのだ。

ところがだ。その巣は、なんらかの理由で、地面にできた小さな凹みにすっぽり入るような

野球部の部員たち

枯れ草の巣材でできており、その周囲には、細い小さなサボテンがひょろひょろと数本立っているだけだった。

おそらく、人為的な草刈りと、少雨・猛暑の連続とで、そんな状態になったのだろう、と思いながら、巣のなかを覗くと、二羽のヒナと二個の卵が見えた。

彼らの様子をさらによく知ろうと思い、ゆっくりと顔を近づけて覗きこむと、二羽のヒナは、力なさそうに、口をいっぱいに広げて体を揺らした。

私がつくった陰を、親だと勘違いしたにちがいない。

その口のなかを見て、ヒナたちの**二重の必死さ**を私は思ったのだった。

一つ目の必死さは、体が弱っているだろうに、懸命に、餌をもらおうと口を開ける、その行動の必死さだ。

二つ目の必死さは、「進化」あるいは、進化の仕組みの一過程である**「自然淘汰」を潜り抜けてきた遺伝的必死さ**、とでも言えばよいのだろうか。

ちょっと説明しよう。

開けられた口のなかは、「黄色で縁取りされたなかに赤みがかったうす茶色」である。そして、**それだけではない**。このような、よくめだつ配色を背景に、小さな三つの黒い点が二等辺三角形をつくるように規則的に並んでいるのだ。

この独特の視覚的な刺激を、動物行動学では「鍵刺激」と呼ぶのだが、ヒバリの親は、**この鍵刺激に反応して**、ヒナの口のなかへ、捕ってきた餌を入れてやるのである。

「自然淘汰」を潜り抜けてきた遺伝的必死さ、というのは、親鳥によくめだつ鮮明な「黄色で縁取りされたなかに赤みがかったうす茶色」＋「三つの黒い点」を（遺伝的に）もっているヒナのほうが、より多くの

ヒナの口のなかは「黄色で縁取りされたなかに赤みがかったうす茶色」で、このようなよくめだつ配色を背景に、小さな３つの黒い点が二等辺三角形の頂点となって規則的に並んでいる

餌をもらうことができ、より元気に成長でき、巣立ちして**より多くの子どもを残すことができた**、ということだ。

あくまで私の仮説だが、おそらく正しいだろう。ほとんどの動物行動学者は賛同してくれると思う（たぶん）。

こうやって、世代を超えて生き残ってきた（つまり、自然淘汰を潜り抜けてきた）個体（この場合は、ヒナ）の鍵刺激を、「自然淘汰」を潜り抜けてきた遺伝的必死さ、と表現したわけだ。

さて、**これは急がなければならない**と思った私は、どうしたか？

もちろん私くらいの、聡明で想像力豊かで沈着冷静な動物行動学者になると、何をどうすればよいか、細部にわたるまで**脳内にイメージが湧いてくる**のだ（実を言うと、以前、これとほぼ同じような場面に出くわし、そのときも、ある方法でヒナたちを救った経験があったのだ。その経緯は『先生、大型野獣がキャンパスに侵入しました！』に書いている）。

私はすぐ実験室に行き、ブロックとレンガと板を適当に見繕い車に乗せてもどってきた。そして、**ヒナたちの巣に日陰ができ、かつ、風も通過する**ように、運んできたものを組み立てた。それが下の写真だ。

看板（ヒバリが子育てをしています。近よらず見守ってあげましょう、と書いた）は、ブロックなどで日陰をつくる作業を終えたあと、即興でつくったものである。

こんなものでも立てておかないと、この場を通りかかった人が、「なんでこんなところにブロックが!?　邪魔になるじゃないか」みたいな感じで、ブロックなどを撤去してしまう可能性もあると思ったからだ。

看板の左上にヒバリの姿を、マークのように描いたのは私のこだわりだ（**笑ってはいけない**。

この場を通りかかった人に撤去されないように、ブロックなどで日陰をつくる作業を終えたあと、注意喚起の看板をつくった。左上のヒバリマークは私のこだわりだ

とにかく急いでいたのだ)。

ところで、私は、「地面の小さな凹みにつくられた〝巣〟のなかで鳴いている幼い動物を守るため、その周囲をブロックやレンガで囲む」といった作業を、**小学生(低学年)のころやったことがある**。

その体験は、**ちょっと心が痛くなる思い出**で、少なくとも成人になってからは誰にも話したことがない。少し長くなるが、読者のみなさん、聞いてもらえるだろうか。

私が育った集落では、学校へ行くときは、まずみんなが集落のある場所に集まり、全員そろったら列をつくって出発、ということになっていた。男女別々になっていたと記憶している。年長のリーダーが先導し、その後に、年齢が低い子(つまり小学一年生、あるいは幼稚園の子かも……忘れた)から順に続き、学校までの約二キロの道を歩くのだ。

私の学年の男子は、集落で私一人だったので、私は一歳年上の二人の男子(ＳｓくんとＭｈくんだ)と遊びながら登校することが多かった。下校時や、集落にもどってからもＳｓくんやＭｈくんと遊ぶことが多かった。

あるとき、Ｓｓくんの近くの家の納屋で、三匹の子ネコが見つかった。当時、ネコを飼っているような家は集落にはほとんどなく、ネコ自体もあまり見かけなかった。**これはわれわれにとって事件だった**。その話をどこからか聞いて、われわれはその家に行ってみた。三匹の子ネコは、目は開いていたが動きはぎこちなく、ニャーニャー鳴いていた。

ところがだ。その家の人は、ネコがいることが嫌だったのだろう。三匹のネコを、農薬が入っていた袋に入れて川に流す、というではないか。

われわれは、それを聞いて、誰が言ったのか細かいことは覚えていないが、「ぼくらが育てる」みたいなことを言って、子ネコたちを保護したのだった。

今考えれば、なんとかして母ネコのもとにもどしてやるのがよかったのでは、と思うのだが、そのときはそのときで事情があったのだろう。どんな状況だったかは覚えていないが。

さー、三人で保護してきたのはよいが、どうしたものか、**われわれは困った**。三人の誰かの家で飼うということもできなかったのだろう。

それからどう行動したのかは覚えていないが、再び記憶に現われてくるのは、学校の行き帰りに通る、**ちょっとした洞窟のようなところ**で、壁に穴を掘り、穴の上に小さな小屋をつくっている場面である。

集落の東側を通る道路の、ある地点は、山の斜面が崩れて少しえぐれ、せまい奥行きの洞窟のようになっていた。地面はデコボコで、雨が降ると大小さまざまな水たまりができた。早春には、絶え間なく滴る雪解けの水も手伝って、小さな池のようなものができ、ヒキガエルが卵を産んだ。

そんなナンチャッテ洞窟のなかなら雨に濡れることもなく、**住む場所としてよいのではないか**、そして、そこなら、朝（登校時）と午後（下校時）に水と餌をやったり、様子を見たりすることもできると考えたのだ。

ナンチャッテ洞窟の奥の壁の、平らになったところに穴を掘り、各自の家から、自転車でレンガや石、板、ぼろ布などを運び、穴の上に、ヒバリのシェルターをつくったときと同じ要領で材料を組み立てていった。

穴の底には板を敷き、その上にぼろ布を置いた。レンガや板や石で穴の上に壁や屋根をつくり、子ネコの運動能力では外には出られないような〝家〟にした。

三人は、朝、家から、子ネコが食べそうなものを持っていき、登校列から脱離して、〝家〟のなかの餌箱に食べ物を入れ、水入れに水を入れ、列を追って合流した。

帰りは、学校の給食に出されていたパンやミルク（当時はまだ、いわゆる脱脂粉乳を湯に溶かしたものだった）を瓶や袋に入れて〝家〟に行き、一匹ずつ与えたり、外へ出して遊んでやったりした。

季節が思い出せないのだが、特に暑さや寒さの記憶がないので、たぶん春か秋だったのだろう。それは、**三人にとって大切な仕事になった**。

そして、**子ネコたちはどうなったか**。

残念だが三匹の子ネコは死んでしまった………。

〝登下校飼育〟をはじめてから数週間のことだったと思う。理由はよくわからない。〝家〟の環境（湿度の高さや夜の寒さ？）が悪かったのかもしれない。朝の登校のときだったと思う。動かない子ネコたちを抱いて三人ともみんな声も出さなかった。黙ってしゃがんでいた。ほかの子どもたちには先に学校に行ってもらい、洞窟のなかに穴を掘り、子ネコたちを埋めた。

おそらく、なんと言っても小学生のやることだ。十分な配慮もしてやれず、子ネコたちは徐々に体調を崩していたのだろう。下校した後、遊びに夢中になって子ネコに十分かまってやれなかったことが多々あったこともわれわれは各自自覚していた。

私は、子どもながらに子ネコたちに悪いことをしたと思い、その出来事を、心のなかに、悲しい思いとともに人に話すことなくしまってきた。

でも、ヒトという動物について動物行動学を核としていろいろなことを理解するようになって、その出来事も、そしてそれに対する小林少年の思いも、**心中に秘める必要がない**、というか、秘めようとは思わなくなったのだ。

寄り道が長くなった。

その〝寄り道〟のことも無意識に心のなかで動いていたせいかもしれない。私は、ヒバリのヒナをなんとかしてやろうと一生懸命頑張った。

次に私が行なうべきことは、〝日陰シェルター〟となった巣から離れることだ。そして、親鳥が〝日陰シェルター〟に入るのを見届けることだ。

私は待った。日光はきつかったが、巣に親鳥が近寄ったとき、それを確認できる場所にしゃがんでじっと待った。野生児（私のこと）は、「じっと待つこと」も知っているのだ。辛抱強く待つこともできなければ野生児にはなれない。

炎天下で待つこと約三〇分、一羽の親鳥が、〝日陰シェルター〟から数十メートル離れたところに降り立った（やった！）。明らかに〝日陰シェルター〟のほうを見ている。その姿は、**なにやらとても頼もしく見えた**。

ちなみに、ヒバリは、習性として、親鳥が巣のヒナに餌を運んできたとき、まずは数十メートル離れた地点に降り立つ。そして周囲を警戒しながら（近くに捕食者がいないかどうかを確認するのだろう）、**遠回りしてジグザクに巣に近づいていく**。巣の存在場所を捕食者に知らせないための戦略だと推察される。そして、ヒバリがそういった習性を示すということは、「進化の過程のある時点において、ヒバリの祖先では、親鳥は、地面の巣のそばに舞い降り、捕食者は、そこに子

じっと待つこと30分、ヒナたちの親鳥がやってきた。“日陰シェルター”から離れた場所で様子を見ている

どもがいることを推察し襲っていたという出来事が起こっていた」ことを暗示している。だから、「まずは数十メートル離れた地点に降り立つ。そして周囲を警戒しながら、遠回りしてジグザグに巣に近づいていく」ヒバリが進化の結果として現われたのだ。〝遠回り〟習性をもたないヒバリ（の祖先）より、**〝遠回り〟習性をもつヒバリのほうが子どもを残しやすく**、親の習性を、遺伝子によって受け継いだ子どもたちが成鳥になり……、その積み重ねによって、現在、われわれの前に〝遠回り〟習性をもつヒバリが存在するのだ。

ちょっと理屈っぽくなった。でもそれが、自然淘汰によって進んでいく進化の実態なのだ。

親鳥は、脳内にナビゲーションの能力をもっており巣の位置を記憶していたのだろう。しかし、巣のそばまで近寄ってみると、はじめて見る〝日陰シェルター〟（親鳥の脳がどのように認識したかはわからない）があり、親鳥の脳内では、近寄りたいという衝動と未知のものに対する怖さとが両方湧き上がっており、いわゆる**葛藤と呼べるような心理状態**が生じたにちがいない。

それは親鳥の、〝日陰シェルター〟前での行動を見ているとよく理解できる気がした。〝日陰シェルター〟に入りかけては離れ、またゆっくりと入りかけては離れる。そんなことを何回か繰り返したあと（そんなことをしながら安全性を推し量っていたのかもしれない）、すっと入って、それから、少なくとも数十分は、出てくることはなかった。**バンザーーイ！**

私は安心して、炎天下から解放されたのだった。

もちろん、練習を再開していた野球部の部員たちに経過を話し、「これで大丈夫だから」みたいなことを言ってグラウンドを去った。部員たちも、特に、私のところにヒナの危機を知らせに来てくれた部員はことさらに、にこやかな顔で私の話を聞いていた。

それから私は、一日おき、二日おきくらいのペースで〝日陰シェルター〟内に親がいないことを確認して（入り口からなかを覗くと親鳥がいるかいないかがわかる。親は、餌探しに大忙しで、ヒナに餌を与えるとすぐ餌探しに飛んでいき、巣内にはいないことが多い）、**ヒナたちの様子を見守った**。

ヒナたちは順調に大きくなり、野球部の男子が、〝ヒナの窮地〟を知らせてくれてから一〇日ほどで、巣から姿を消した。

卵が二つ残っていた。おそらく、なんらかの理由で受精か胚の発生がうまく進まなかったのだろう。

巣から姿を消した二羽のヒナたちは、これから、草地のなかを、隠れるように移動しながら、親と鳴き声で連絡を取りあいながら餌をもらって一週間ほど過ごし、完全に独り立ちしていくのだ。

無事、独り立ちしてほしい。

さて、本章も、これで終わりだが、最後に、読者のみなさんに是非お伝えしておきたいことがある。

ほかでもない。本章のサブタイトルのことだ。サブタイトルにしっかりと目を通された方はすでにお気づきかもしれないが、ヒバリのヒナたちを救った本学野球部のチーム名は

ヒバリのヒナたちを救った本学野球部のチーム名は「SKYLARKS」、つまり「ヒバリ」だったのだ

「SKYLARKS」、つまり「ヒバリ」だったのだ。

さて、これまでの「先生！シリーズ」なら、ここで、きれいに（？）終わっただろう。「ヒバリ」だったのだ。………で終わっただろう。

＊　＊　＊

だが、この第一八巻からは、ちょっとだけ**スタイルを変えて**、これまでの章の組み立てに新しい尻尾（しっぽ）をつけ足したいと思う。動物たちとの事件から生えてくる尻尾について少しだけ言及したいのだ。

本書を手に取って読まれる方は動物好きでいらっしゃることは承知のうえで、その延長として、ヒトという動物について考えていただくのもオシャレでありジュウヨウではないですか、ヒトについてもちょっとだけ正面から見てみようではないですか、というわけだ。**動物あってのヒト、ヒトあっての動物**なのだから（こういうのを〝煙に巻く〟という）。

では………。

私は、よく、授業で「ヒバリ」を例にして、「生物の〝一個体の体〟の本質！は何か」について、学生たちの脳に、ある種の混乱を（そしてその先にある新しい見方、考え方を）感じてもらおうと思い、次のような話をする。

なーみんな。今外で鳴いているヒバリのことを考えてごらん（大学のキャンパスにはいろいろな場所に草地があり、春にはそこにヒバリたちが巣をつくり、雄は縄張り宣言のために高く舞って鳴きつづける）。

雄は縄張りを守るために鳴きつづけているだろう。雌は卵を生み、雌雄で卵を温め、孵化したらヒナたちのために一日一〇〇回近く餌を獲ってきて、………そんなことを一カ月近く繰り返し………また次の年も、そのまた次の年も………**そしてやがて死んでいく**。

やがてヒナは成鳥になり、親と同じことをして、死んでいく。そしてその子も………。こうして個体は「つくられては」「滅び」、「つくられては」「滅び」。

しかしだ。あるものは親から子、子から孫へと、滅びることなく存在しつづけている。その「存在しつづけている」もの………**それは「遺伝子」だ**。

遺伝子は、ヌクレオチドと呼ばれる分子が連なった細長い「鎖状の分子群」で、〝鎖〟のある地点からある地点までの、ある長さの範囲が一つの遺伝子として作用する。

たとえば、それは、赤血球の表面に突き出すタンパク質の種類を決める設計図になっており、その遺伝子＝設計図の内容によって、タンパク質の種類が決まる。それがAタイプのタンパク質になるときは、その人の血液型はA型と呼ばれ、Bタイプのタンパク質になるときはその人の血液型はB型と呼ばれる。

ある遺伝子は、脳内の神経細胞の成分になるタンパク質の設計図になり、またある遺伝子は、脳内の神経の配線を決めるタンパク質の設計図になる。つまり、遺伝子たちは、**思考や感情や行動を司る脳の設計図**になるわけだ。


となると「生物の〝一個体の体〟の本質」が見えてくるではないか。

「生物の〝一個体の体〟の本質」は、遺伝子に設計された**遺伝子の乗り物**（たとえばヒバリの体）であり、遺伝子は、乗り物（ヒバリの体）が滅びる前に、新しい乗り物（つまり、ヒナ）をつくるように設計しているのだ。

そう考えると、先に述べた次の文章のようなことがどうして起きるのかおわかりになるだろう。

雄は縄張りを守るために鳴きつづけ……雌は卵を生み、雌雄で卵を温め、孵化したらヒナたちのために一日一〇〇回近く餌を獲ってきて、……そんなことを一カ月近く繰り返し……また次の年も、そのまた次の年も……そしてやがて死んでいく。やがてヒナは成鳥になり、親と同じことをして、死んでいく。そしてその子も……。こうして個体は**「つくられては」「滅び」、「つくられては」「滅び」**。

しかしだ。あるものは親から子、子から孫へと、滅びることなく存在しつづけている。その「存在しつづけている」もの……それは「遺伝子」だ。

あたかも、車の設計者が（技術者による作業を通じて）車をつくり、やがてその車が老朽化して滅ぶ前に、もとの設計図に基づいて車をつくって、その車に乗り換えるように。

そしてだ。「個体」が、遺伝子によって、遺伝子自身が次々と新しい個体に移動して存在しつづけるように設計された「乗り物」である、ということは、われわれヒトでも言えることだ（このような説は「生物個体＝遺伝子の乗り物」説、あるいは「利己的遺伝子」説と呼ばれている）。

読者の方のなかには、「でも**子どもをつくらないヒトもいるし、自分を破壊するヒトもいるではないか**。つまり遺伝子を、子どもという新しい乗り物に移そうとしないヒト個体もいるではないか」と思われる方もおられるかもしれない。しかし、長くなるのでここではお話ししないが、それらの疑問にしっかり納得していただけるような答えがあることはお伝えしておきたい。

私が「ヒバリ」を例にして、「（ヒバリも）みんなも、そして私も、遺伝子が、次から次へと新しい個体に乗り移るために設計してつくりあげた乗り物だ」という（説得力のある！）話をしたとき（この話によって、なぜ、飲んだり食べたりしたいと感じるのか、なぜ恋をするのか……すべて説明がつく）、何人かの学生は、**ある種の混乱を覚え**、それを授業後に、アナログやデジタルで質問・感想として私に表明する。「自分が、遺伝子に設計されて、つくりあげられた遺伝子の乗り物だ、という説はよくわかり、何か変な気持ちになりました」といった内容の感想を書いてくるのだ。

そして、それに続けて次のように聞いてくる学生もいる。

「自分が、遺伝子に設計されて、つくりあげられた遺伝子の乗り物だとしたら、**生きることにどんな意味、どんな価値があるのですか？**」

私は、大げさに言えば、ここから、ほんとうの人生の意味についての模索がはじまると思っている。

考えを深めるためには、対象の本質により近づかなければならない。「自分は、遺伝子に設計されて、つくりあげられた遺伝子の乗り物だ」という知見がその一つである。

一般的に言われていて、自分自身もなんとなく「そうではないか」と感じている〝価値あるもの〟（正義、道徳性、思いやり……）についてあらためて、**本質的な知見を出発点にして考える**のである。「自分が、遺伝子に設計されて、つくりあげられた遺伝子の乗り物だとしたら、生きることにどんな意味、どんな価値があるのですか？」という問いに向かうことがまさにそれだ。

読者のみなさんも興味があれば考えてみていただきたい。

なにやら理屈っぽくなってきたので、この件についてはこのあたりで終わりにする。ただし、無責任と思われてもイヤなので、私自身がどう考えているのかを書いておこうと思う。

私は次のように考えている。

私は**「生きる価値は何か」という問いは、そもそも発さない**。一般的に言われていて、自分もなんとなく「そうではないか」と感じている〝価値あるもの〟としての〝正義〟とか〝道徳性〟とか〝思いやり〟……といったものがある。しかしそれらは、「遺伝子に設計されて、つくりあげられた遺伝子の乗り物」としての自分のなかの一つのパーツである脳の生み出す感情にすぎない。車の性能の一つにすぎない。

ある状況では、〝正義〟を感じて行動することが「遺伝子」が多くの新しい乗り物（おもに自分の子ども）をつくってそれらに乗り移ることを有利にし、ある状況では、〝思いやり〟を感じて行動することが「遺伝子」が多くの新しい乗り物（おもに自分の子ども）をつくってそれらに乗り移ることを有利にするということである。「遺伝子」が、世代を通じて残り、広がっていくのに有利になるからそういった性能をもつ脳をもった乗り物を設計しているにすぎない。

それを踏まえたうえで、(遺伝子の乗り物である)私は、「自分がなるべく他人を傷つけることなく、大きな悲しみを感じることなく、自分が生きがいを感じられるような行動を選択して生きてゆく」……それだけを考えて生きる。

それが結果として、私のとる行動が周囲から〝正義〟と呼ばれるものに見られたり、〝思いやり〟と呼ばれるものに見られたりするかもしれない。**それはそれでいい**。自分自身も、〝正義〟や〝思いやり〟と呼ばれるような感覚を覚えるかもしれない。でもそれはそれ。私は自分の行動を「価値があるかないか」という基準ではなく、「自分がなるべく他人を傷つけることなく、大きな悲しみを感じることなく、自分が生きがいを感じられるような行動を選択して生きてゆく」という点をおもな目安にして生きていく。

そういうことだ。

自分が「遺伝子の乗り物」であることを自覚したうえで、「乗り物」として、そういう生き方でよいのだと思う(もちろん、自分が「遺伝子の乗り物」であることを自覚している場合と、自覚していない場合とでは、問題にぶつかったときなど、いろいろな場面で、理解の深さの違いが大きな差をもたらすだろう)。

「価値があるかないか」という言葉をどうしても使ってほしい、と言われたら（確かに、ヒトの脳には、これは価値があることだろうか、と問う性質も備わっている）、まー、次のように言えるかもしれない。

「価値があるか」は、自分で決めればよいことだ。

ヒバリも、そのときどきで、やりたいと感じることを力いっぱいやって生きているにちがいない。自分が「遺伝子の乗り物」であることは自覚していないだろうが。

メイは体力的順位では最下位だが、採食地の選択ではリーダーだった

ヤギたちの内的世界の深さ・豊かさを感じさせる研究

四年前の先生！シリーズ『先生、大蛇が図書館をうろついています！』で書いたのだが、当時、ゼミ生になりたてだったSｙくんに、卒業研究のテーマとして、私が懸命に探してやっと見つけた〝ある行動〟に関する分析を提案した。Sｙくんは頑張って取り組みはじめた。その話を本に書いたのだ。

そして、〝ある行動〟についてだが、**その内容は………**。

当時、鳥取環境大学のヤギの群れでは最年長で、体もどの個体より大きく、ヤギ部の当番が放牧場の草以外のサプリとして与えていた餌（箱に入れて放牧場の一画に置いた）の取りあいでは圧倒的な優位を示していたクルミが、他個体と一緒に群れになって採食しているとき、**しばらくすると率先して移動をはじめる**という行動である。そして他個体もクルミの後を追うようについていき、クルミが立ち止まった次の採食地で、またみんな群れになって採食をはじめるのだ。

この行動は、ちょうど、その場面に出くわさなければ見ることができない行動だが、私は暇を見つけてはクルミに注目し、卒論のテーマになるくらい安定して起こる行動であることをほぼ確認して、より詳細な分析（たとえば、その行動を起こすのはクルミだけなのか、とか、その行動を、定義も含めてしっかりと数値として表わす、とか）をSyくんに託したのだ。

もし、その行動が、ヤギの群れで自然な習性であり、先頭に立って移動を開始するのが特定の個体であったとしたら、それだけでも、少なくとも日本では、**ヤギの行動として報告されていない貴重な知見**となる（ちなみに当時、本のなかで私はこの現象を、クルミの群れの〝リーダー〟としての行動と表現した）。

さっそくSyくんは、空いている時間には、ヤギたちの動きが一望できる実験研究棟の三階から放牧場を見つづけ、〝ある行動〟が起こりそうなときはスマホで撮影をはじめた。

ところがだ。ある程度データが溜まっていったころ、Syくんは、ある事情で休学せざるをえなくなり、その後、退学していったのだった。

残念だった。

そして研究も、大枠は明らかになったが、そこで止まってしまった。

それから約二年の月日が流れ、そして、**Nkさんが現われた**（〝現われた〟といってもキノコのようにある日、突然、地上に姿を見せた、というわけではない。小林ゼミに入ってきた、というわけだ)。

Ｎｋさんはヤギ部の部員で、卒業研究のテーマとしてヤギの行動について調べてみたいとのことだった。

私はすぐ、Ｓｙくんが断念せざるをえなかった〝ある行動〟をテーマとして提案した。それでＮｋさんのテーマは決まった。

Ｎｋさんが研究をはじめたときは、もうクルミはいなかった。一年前に亡くなっていた(『先生、ヒキガエルが目移りしてダンゴムシを食べられません!』で読者の方々にご報告した)。とても悲しい出来事だったが、もちろんそんなことがあっても**残った四頭のヤギたちはしっかり生きていた**。放牧地の草や、ヤギ部の部員たちが与える餌を食べながら。

さて、では、「採食地の移動において見られていた〝リーダー〟はどうなったのか」。

それは私にとってとてもとても興味深い内容だったのだ。

Ｎｋさんも、(私が教えるまでもなく)放牧地のヤギたちがよく見える実験研究棟の三階の、椅子とテーブルが置いてある休憩スペースに陣取り、ヤギたちの動きを見守った。

「群れ（直径一〇メートル範囲内に存在する場合を〝群れている〟と定義した）で採食していて、そこから抜け出した一頭にほかの個体が、一〇秒以上の間を置くことなく追従行動を開始し、〝抜け出した一頭〟が、二〇メートル以上離れた場所まで移動し、そこで再び群れになって採食をはじめる」現象は、**けっして頻繁に起こるものではない**。

ちなみに、動物行動学の創設者とみなされる二人の動物行動学者（二人ともノーベル賞を受賞した）のうちの一人、ニコラース・ティンバーゲンが、海辺の繁殖でのユリカモメの行動を調べているとき感じた、次のような思いをある本に書いていた（その本のタイトルをここに記載しようと私が読んだと思われるティンバーゲンの本を片っ端から探したのだが……見つからなかった。でも私は若かったころ、確かに読んで深く心に焼きついたのだ）。

基本的に野生動物は動かない。休息していることが多い。その点では、ヒトほど動きつづける動物は少なくとも鳥獣ではいない。だから自由に暮らす野生動物の行動の研究には大きな忍耐が必要なのだ（**同感である**。対象にした行動の出現に出合おうとしたら、待つこと。待つこと。待つこと。私も、雨のなかや寒さのなかで、同じ思いを感じてきた）。

ヤギだって、完全な野生動物とは言えないが、野生祖先種の特性を大いに保持した動物で、その動物が、**自由にふるまえる、かなり広い放牧地で生きている**のだ。Ｎｋさんも、待って、待って、待って、その現象に出合わなければならないのだ。そして、まずは、映像として記録しなければならない。

そして記録したら、やがては、その映像のなかから「先導する個体の特定と個体の一貫性（クルミの場合のように、先導個体はいつも同一の個体か）」「後についていく個体の特定（そこに一定の傾向はないか）」「移動の際、先導する個体と後についていく個体の動作に違いはないか（たとえば尾の上げ下げなど）」「先導する個体には、日ごろのヤギたちの生活のなかで、ほかの個体と違うなんらかの特性はないか（たとえば、クルミで見られたような餌の取りあいにおける優位性）」「先導個体はどのようなことを目安に移動のタイミングや次の移動先を決めるのか」などを導き出す必要がある。

ところで、Ｎｋさんが研究をはじめたらすぐに**ちょっとした問題**が発生した。

放牧場を覆っているススキが高すぎて密すぎて、ヤギの個体判別ができないことがあるという問題だった。

ヤギたちが、放牧場内の草を好きなものから食べていった結果、一番嫌いなススキ（葉が硬くザラザラしていていかにも消化しにくそうだ。私でも「草を食べろ」と言われたらススキは避ける）がそこら中に残り、それが成長して、放牧場内の広い面積で**ヤギがススキのなかに埋もれる**ような感じになっていたのだ。

望遠鏡で見ても個体の判別が難しいことがある状況を解決すべくＮｋさんが取った方法は、**首輪に、なにかめだつものをつける**、という方法だった（読者の方には、何気ない行為のように思われるかもしれないが、こういった思考そして実践の積み重ねが、いわゆる人間力、課題解決能力を伸ばすのだ）。

ヤギの放牧場内で伸びたススキのなかに立つキナコ。場所によっては顔が草に隠れてしまった

試行錯誤の結果、結局Ｎｋさんは、それぞれのヤギの首に**色違いのバンダナ**を巻くことにした。

〝ススキのなかヤギ埋没〟事件は、やがて、放牧場のススキの大部分が、大学の事務局が手配してくれた業者とヤギ部の部員と私の共同作業（別に共同したわけでもないのだが）によって刈り取られ、ほぼ解決されるのだが、それまでの数カ月は、バンダナはＮｋさんの個体判定をずいぶんと助けてくれたという。

ちなみに、Ｎｋさんがヤギたちの首にバンダナを巻いた期間は（バンダナをつけることはＬＩＮＥで部員たちに伝えられた）、部員たちに〝**ヤギのファッションショー**〟のような印象を与えたのか、バンダナ以外の〝飾り〟（別にＮｋさんは飾りとしてバンダナをつけたのではないが）も流行った。次ページの写真のような「クローバーの花冠」もその一つである。残念なことに花冠はヤギたちにとっては飾りではなく、即座に食べ物となったのだが。

こんな事件もあった。

最初、Ｎｋさんがヤギたちにバンダナをつけたとき、あまりにも長さにゆとりをもたせて首に巻いたせいか、バンダナが相次いで首から外れて落ちてしまうという状況が発生した（おそらくヤギが頭を下げたり首を動かしすぎたりしたためか）。

そんな大げさに言うほどのことでもないが、この状況に遭遇した餌やりの当番は〝バンダナ落下〟を重く受け取り、とにかくバンダナをヤギたちの首へ、と考えたのだろう（たぶん）、**バンダナの色と個体との組み合わせを考えずに**、落ちているバンダナを、近くのヤギの首にかけていったらしいのだ。

その結果、キナコがつけていた黒色のバンダナがメイに、メイについていた赤色のバンダナ

コムギの頭に載せられた「クローバーの花冠」を食べようとする、赤いバンダナを首に巻いたキナコ（ややこしいのだ）

がキナコにつけられていた。ところが、その黒のバンダナがメイにはよく似合い、シックでエレガントな装いのメイに変わった、と言ったら言いすぎだろうか。でも私にはそう感じられ、Ｎｋさんも「黒のメイ」のままでその後、研究を続けた。

メイはなにかと話題を提供してくれるヤギだった。

急に気温が上がった七月の初めごろだった。一年生の部員が、メイの様子を心配して、研究室を訪ねてくれた。そして次のように言った。

「メイが小屋のなかに座って少し苦しそうに息をしています。大丈夫でしょうか？」

キナコがつけていた黒いバンダナをつけられたメイ。似合っていたのでNkさんはそのまま研究を続けた

私はすぐ様子を見にいった。

確かにメイは、小屋の一番奥の木のすのこの上に座って荒い息をしていた。そんな症状を見るのは、私のヤギ部顧問歴二二年（大学の創設＝部の創設以来）のなかではじめてだった。

私は、直感的に、これは静かに休息させてやることが一番だ、と思い、メイのまわりを歩き回っているヤギたちを小屋から外に出し、水の入っているバケツをそばに置き、私も外へ出た。

小屋の外で、私にメイのことを知らせてくれた部員に、「こうなる前にメイはどうしていた？」と聞くと、小屋の外で草を食べていたということだった。

メイは、推定一〇歳の高齢のヤギで（キナコとアズキの母親だ）、群れのなかでは最長老だ。

小屋の外で待ちながら、鳥取家畜保健衛生所に電話して、獣医さんに事情を話してアドバイスをもらうことにした。

獣医さんは（その感じのいい声から判断して、なにかとお世話になっている先生だった。間違いない）私の話をひとしきり聞かれたあと、言われた。

「**熱中症ではないでしょうか**。家畜でもまれにありますよ。日陰で静かに休ませてあげれば大丈夫だと思います」

恒温動物である哺乳類は、体内で上がりすぎた熱を下げる発汗などの仕組みをもつが、熱中症とは、外気の暑さや運動などによる熱の上昇に放熱が追いつかず、体内組織に不調が生じて動けなくなる状態だ。

急な外気の上昇のなかで採食を続けたメイがそういう状態になった可能性は十分にある（じつは私もその可能性があるのではないかな、と思ったのだ……汗）。

幸い、獣医さんの予想どおり、メイは、それから一〇分ほどたったころには息が通常の状態になり、**立ち上がることもできるようになった**。

私がツイッターでそのことをつぶやくと、山陰放送から研究室に「取材させてほしい」という電話があった。最近のマスコミの方は、使える話題はないか、とSNSをよく見ておられるようだ。

本学のヤギ部のヤギは結構、全国的に、**知る人ぞ知るヤギ**で、全国版のメディアでも何度か取り上げられてきた。

山陰放送からの取材の申し出については、部員たちの励みにもなると思い、ヤギ部の部長とも相談して受けることにした。取材時に放牧場に来ることができる部員の人は来てくださいという連絡で、四、五人の部員が来てくれた。その部員たちにもマイクが向けられていた。

私はニュース自体は見なかったが、取材された方々からお礼のメールが届き、ネットでの記事のＵＲＬも添えられていたので開いてみたら、下のような画像が出てきた。学生たちのコメントも載せられていた。

さて、メイをめぐる話はこれくらいにして、Ｎｋさんの研究について、**これまでの成果**をお話ししよう。

まず、結論から（じつは、ここでもまたメイが話題の中心になるのだ）。

体も群れのなかでは断トツに大きく、亡くなる前まで体力的順位も一位だったクルミがいなくなってから、「群れでの採食地から一頭が抜け出し、他個体を先導

メイが熱中症になった（と思われる）ことをツイッターでつぶやいたら、テレビ局から取材の申し出があった。後日お礼のメールにネット記事のURLも添えられていた

するようにして新しい採食地まで連れていく」現象（この現象を、以下、「群れ先導@採食地」現象と呼ぶことにしたい）は、私の知る限り、見られなくなっていた。

ところが少なくとも数週間後までには、「群れ先導@採食地」現象が再び見られるようになり、**なんとクルミに代わるリーダーが、メイ、だったのだ**。

「なんと」と書いたのは、Ｎｋさんと、メイの体力的順位を調べてみたら、予想どおり、メイは**最下位だったた**からだ。つまり、餌箱にヤギたちが好むサプリを入れて放牧場に置いてみたら、競合したときメイはどの個体からも（娘であるアズキやキナコからも）頭突きをされて引き下がっていたのだ。ちなみに、一番優勢だったのは、クルミがいたとき順位が二位であったコムギである。

メイは高齢で、体が一番小さく、体力にかけては、**まー、そうだろうな**、とＮｋさんも私も思っていた。

ところがそのメイが、「群れ先導@採食地」現象では、先導個体として堂々と他個体を引っ張っていたのだ。

その後、Ｎｋさんが撮影した動画では、すべての「群れ先導@採食地」現象において、確かにメイがリーダーになっていた。

直径一〇メートル範囲で群れて採食していたヤギたちのなかからメイが飛び出して移動をはじめ、近くで採食していた他個体は、メイの動きに気づき、採食をやめてその後についていった。**三個体すべてがだ**。そして数十メートル歩いた後、メイが止まって、そこで採食をはじめると、ほかの個体も止まって、思い思いに採食をはじめた。そこにはヤギたちが食べる草が十分広く生えていたのだろう。

メイちゃん、やるじゃん。**かっこいいじゃん**。である。

Nkさんの研究はこれからも続いていくが、これまで、以下のような知見が得られている。

①一三回記録された「群れ先導@採食地」現象においてほぼすべての場合、メイが先導した(一回のみコムギ

新しい採食地に、メイ(黒矢印)に続いて移動する3頭のヤギたち

が先導することがあった)。

②メイの次に続くのは、常に娘のキナコとアズキであり、最後についてくるのが、メイとは血縁関係にないコムギであった。

③夕方になり、採食地から、夜を過ごす小屋へ移動をはじめる場合も、「群れ先導@採食地」現象と同様な行動が見られ、その際も、群れを先導するのはメイである。

さて、このあたりで読者のみなさんは心のなかでつぶやかれるかもしれない。「群れ先導@採食地」現象のリーダーになるのは**どういう条件の個体なのか？**

ひょっとして、ヤギに関する何かの本を読まれて次のような記述に出合った方もおられるかもしれない。

「ヤギでは最年長の個体が群れのリーダーになる」

実際、ヤギを飼育する人の間で、俗説として「ヤギの群れでは最年長の個体の順位が一番高くなる」という話があるという。

しかし、**それは間違っている**。「順位」の定義にもよるが、Ｎｋさんや、(本章のあとで登場するすでに卒業したヤギ部の先輩である）Ｍｏさんが、箱に入った餌を提示したときの餌を食べる順序や攻撃行動などから判断した前述の「体力順位」では、必ずしも最年長個体は優位ではないし、順位に関係したヤギの行動を調べたいくつかの論文でも、最年長個体が最高順位とは判断されていない。

確かに、本学のヤギの群れにおいて「群れ先導＠採食地」現象のリーダーになったのは、クルミとメイという、最年長の個体だったが、〝最年長〟が「群れ先導＠採食地」現象のリーダーになる理由だとはけっして考えられないのだ。

では条件とは何なのか？

話はちょっと（だいぶ）変わる。

テレビ朝日「グッド！モーニング」（二〇二二年一一月二三日放送）で、ムクドリの大群が東京、昭島市のＪＲ昭島駅前の上空を旋回し、やがて駅前のロータリーの真ん中にある大きなケヤキに集まってとまり、**あっという間にケヤキの表面が埋め尽くされてしまう**という一連の光景を記録した映像が流された（私は、野生動物に関するニュースに補足を加えたり意見を言ったりするコメンテーターを某会社から依頼されていて、ニュースが某会社から送られてくるので、ムクドリの場合のような出来事には、けっこう通になっている)。問題は、そういった状態が連日続くため、地域の方々が、鳴き声や糞に**大変迷惑されている**、ということだった。

野生動物による被害は、「人類の生命維持装置」としての「自然生態系」の維持という面から、憂慮すべき問題であり私も述べたいことはたくさんあるのだが、ここでは、ニュースのなかで、ムクドリを駅前から追い払う方法として、信州大学名誉教授の中村浩志氏が話されていたことがとても印象的だったのでご紹介したい。ちなみに中村氏は私が大学生のころ、すでに、日本の著名な鳥類生態学者の一人として活躍されていた。

中村氏は、昭島市と同じ状況にあった長野市や浜松市でも、その方法で追い払いに成功されていた。やり方はこうである。

「タイミングを見計らって**天敵である猛禽類**(ワシやタカやフクロウなど)の鳴き声を聞かせ、同時に、木の上にタカやフクロウの剝製を置く。それを断続的にランダムに行なう。集まってくるムクドリの数は初日で十分の一に減る。三日やったらほぼ完全にその一帯からいなくなる」

中村氏は、つけ加えるようにしてこう語っておられた。

「剝製を置きっぱなしにしたらダメ。テープの声を流しっぱなしにしたらダメ。**偽物だとすぐばれてしまう**。そうなるとムクドリは鳴き声も剝製も無視するようになる」

（もちろん、その地域で追い払いに成功しても、その群れは別の地域に移るのだから、この方法で追い払っても、ムクドリの問題が完全に解決するわけではない。ただし、その方法が効果的であることが大きな意味をもつことは確かだ）

読者の方は「それはムクドリだっていろいろ考えているのだから、それくらいのことが起こっても不思議はないだろう」と思われるかもしれない。

しかし私は、ムクドリが、単純にタカやフクロウの鳴き声や姿（剝製）を怖がって逃げてしまうのではなく、複数の出来事を総合して捕食者に関する判断をしていると推察されるその能力にあらためて感心したのだ。**そして思うのだ**。ムクドリをはじめとした野生動物は、ヒトのような言葉もしゃべらず、表情をあまり変えずに行動するので、われわれはなかなかその内的世界を読み取ることはできないが、彼らの脳のなかでは、**じつにさまざまな認知や思考が生じている**と考えるほうが科学的に妥当だろう、と。

また、「脳のなかでは、じつにさまざまな認知や思考が生じている」ことを感じさせる動物の出来事としては、もっとほかによい例があるのでは、と思われる読者の方もおられるかもしれない。でも私は、このムクドリの話が妙に心に響いた。

さて、**ヤギの話にもどろう**。そう、以上の寄り道が、ヤギでの「群れ先導@採食地」のリーダーの話につながってくるのだ。

前述のＭｏさんは、ヤギたちが、群れのなかのほかのヤギを、その鳴き声だけで判別していることを実験によって明らかにした（詳細は『先生、頭突き中のヤギが尻尾で笑っています！』に）。

その一連の実験のなかで、メイは、**娘であるキナコやアズキ**の（スピーカーから流された）鳴き声を聞くと、その声のするほうに向かって移動しようとすることがわかった。鳴き声が血縁関係にないコムギである場合には、そんな行動は見られない。血縁関係にある個体同士（親子や姉妹など）は、群れでの採食のときなどでも、互いに、比較的近くにいることが多く、夜小屋のなかで寝るときも、比較的近くに座っていることが多い。

ところが、一方で、前述のように、部員が餌の入った箱を放牧場に置いたとき、体力的にメイに勝るキナコやアズキは、**メイに頭突きを行ない**、先に餌を食べようとする。

ところが、ところが、である。本章の主題である「群れ先導@採食地」現象のリーダーは、というと、メイが、あたかも自覚でもあるかのように、自分が群れを先導するようにして新しい採食地に移っていく。ほかの個体も、（もちろんキナコもアズキも）メイの動きにしっかり反応して、その後をついていく。「メイを信頼している」とでも言わんばかりの反応である。

こういったヤギたちの行動（そしてこれまで二二年間見てきたヤギたちの行動）を脳内でつなぎ合わせながら、今回もまた、あらためて確信を強めながら思うのだ。

まずは、動物行動学の大きな成果でもあり、同時に、指針でもある「**種によって認知世界、思考様式は異なる**」ことの再認識だ。

ヤギの世界では、親子のような血縁関係にある個体同士だからといって、直面するすべての場面で一貫して助けあうわけではないのだ。餌をめぐる競争の場合、血縁個体を押しのけてでも、まずは自分が、というわけだ。種の特性としては、ヒトではそうではない。ここでは詳しくは述べないが、ヤギの場合とヒトの場合とでは、生活史や生活環境全体がかかわったとき、遺伝子がより拡散しやすい行動特性が異なるのだろう。それを達成するための認知世界、思考様式は異なるだろう。

そして、もう一つ（こちらのほうが私の心に響くのだが）、ヤギの認知世界、思考様式の**「深さ・豊かさ」**である。

先に私は書いた。「ムクドリをはじめとした野生動物は、ヒトのような言葉もしゃべらず、表情をあまり変えずに行動するので、われわれはなかなかその内的世界を読み取ることはできないが、彼らの脳のなかでは、じつにさまざまな認知や思考が生じていると考えるほうが科学的に妥当だろう」

こういうことである。

「子モモンガ」についての章でも述べたが、モモンガと同様に、またムクドリと同様に、ヤギたちも、われわれヒトには（二二年間、ヤギ部の顧問としてヤギたちと濃く接してきた私であっても）気づくことができない細やかな信号を発し、認知し、それをもとに思考し、行動している可能性が高いということである。

実験によってはじめてわかった「ヤギ同士が、互いに、鳴き声だけで、少なくとも誰が鳴いているのかわかる」こともその一例だろう。われわれが普通の接し方をしていたら、気づかなかっただろう。

そして、体力的順位は圧倒的に低いメイを、採食地の決定者とみなしてしっかり従うという点も、ヤギたちの認知世界、思考様式の「深さ・豊かさ」の一端を示していると思うのだ。でも、それらはあくまで、一端の一端にすぎないにちがいない。

（おそらく）**深いのだ、豊かなのだ**。

＊　＊　＊

以上の原稿を書き終えてから半年近くたったころのことである。一二月のはじめの土曜日だった。

学外での会が午後三時過ぎに終わり、仕事があったので大学にもどってきたときだった。キャンパス内のヤギの放牧地のすぐ横の道を車で走っていたら、三頭のヤギ（メイを除く三頭だ）が、道路に向かって傾斜していく草地で食事をしながら移動していた。日は地平線に近づき、逆光気味の光景がきれいだった。

ただし、私くらいの動物行動学者になると、光景の「きれい」さだけではなく、ヤギたちの採食行動のパターンにも好奇の目を向けた。つまりこういうことだ。

三頭のヤギたちは草を食べながら比較的早い足取りで右往左往していたのだ。**なにやら落ち着きがない**。何かあったのか。

道路から見上げるように眺める私の視界のなかで、**……そのあとは圧巻だった**。

斜面と空とを分ける線、ちょっと大げさだか、その「地平線」に小さな黒い円形が浮かんできたと思ったら、その円形には〝胴体〟と〝四足〟がついていて、それらすべてが地平線上に姿を現わしたとき、メイの姿がそこにあった。そしてメイは三頭を見渡すかのように斜面を見渡し、地平線の線上をゆっくりと、採食しながら動いていった。すると、なんと、三頭のヤギたちが、メイに引き寄せられるように斜面を登っていくではないか。

やがて、明らかに、メイに追従していった三頭は一つの群れになり、地平線の向こう側へと消えていった。ゆっくりと、落ち着いた足取りで（次ページの写真を見てください）。

イヤ、感動的だった。

ヤギたちの内的世界、**やはり、ちょっと深いよ**。

「ミニ地球」をあらためて思い出してください

ダンゴムシに代わる素晴らしい動物が見つかった

二〇二二年一〇月、授業の依頼を受けている高校へ行ってきた。もう一〇年近くになるだろうか。毎年行っている。

担当の先生から、生徒さんたちに伝えてほしいと言われている、ザックリとした内容を私なりに解釈して、私の考えを入れて連続して二回の授業を行なう。

一時間目の授業では、「生態系」について理解してもらうことを目的にしている。

「生態系」は、いろいろなところでよく使われる言葉であるが、私は以前から、いつも次のようなことを感じていた。

「生態系」という言葉は「自然」とどのように区別されているのだろうか。「生態系」という言葉はなにやら、概念的に感じられる、難しそうな言葉であるが、その正体というか、**具体的な実態**はきちんと理解されているのだろうか、と。

そして、公立鳥取環境大学の教員の一人として、わたしは、生態系の正体を**しっかりと、わかりやすく**一般の人に伝える（大げさに言えば）使命がある、と思ってきたのだ。すばらしい（？・）。

ところで、私にとって「生態系」と切っても切り離せない自作の用語がある。「はじめに」にも登場した「（地球規模の）**人類生命維持装置**」である。

われながら、ちょっと気に入っている。

これは、「現在、地球上に、少なくとも数千万種以上の生物が生きており、それらの働きによって、われわれホモ・サピエンスが生きていけるような、酸素をはじめとした物質の大気・土壌・水中での濃度が維持され、気候が維持されている」という、強調してもしすぎることはない事実にもとづいた表現だ。

もちろん地球の半径や太陽との距離といった条件が大前提になっていることは確かだが、火星などと比較したとき、「少なくとも数千万種以上の生物が生きており、それらの働き」が最終的に、われわれが生きていける環境をつくっていることは確かなのだ。

宇宙船や宇宙ステーションを考えてみよう。

本書冒頭で書いたように、宇宙にいる宇宙飛行士が地上の子どもたちと穏やかに談笑できるのは、宇宙船が、**宇宙飛行士を正常に生かすための装置を内蔵**しているからだ。その生命維持装置が酸素や水を供給し、気温や湿度を適切に維持してくれるからこそ、宇宙空間での生存が可能になっているわけだ。宇宙において、その生命維持装置を構成する部品は金属やプラスチックだった。

一方〝地球〟ではどうだろう。これは確信をもって言えることだが、地球も宇宙船と同じで、気温や湿度の程度や空気の組成の維持（非常にせまい範囲の状態に維持されている）、水の浄化といった機能を何者かがやってくれているから人類は生きられるのだ。

その〝何者か〟が**「（地球規模の）人類生命維持装置」＝生態系**なのだ。

宇宙船の「人類生命維持装置」の部品は金属やプラスチックでできているが、「（地球規模の）人類生命維持装置」＝生態系の部品は、数千万種以上の野生生物である。その野生生物は、基本的には、それぞれが異なる働きをもった部品であり、種の数が多いほど（つまり生物多様性が豊かであるほど）、「人類生命維持装置」＝生態系は安定していると言える。

その理由の一つは、次のように考えられている。

種が多ければ、複数の種が似たような働きをしていることが多く、たとえば、偶然に生じる干魃(かんばつ)や高温期の長期化といった、突発的なインパクトに対して、数種が消えたとしても、**どの種かは生き残り、〝働き〟は維持され、**「人類生命維持装置」が止まることなく動きつづける(話がややこしいネ)。

つまり、「人類生命維持装置」＝生態系ははっきりとした実体をもっていて、その正体は、一つひとつの野生生物なのだ。そして、「人類生命維持装置」＝生態系(何度も読むと頭に焼きつくだろう。それが私のねらいだ)の第一の、**人類にとっての要点**は「気温や湿度などを含む気候を、人類が生きられる状態に維持してくれる」ことなのだ。

さて、次に私は考えた。

この「人類生命維持装置」＝生態系(私のこのネーミングもよいのだが)、加えて、**生態系の全体像を、直接、自分の目で見えるようにする仕掛け**はないだろうか、と。

そして、考え出したその仕掛けの一つが、本章のタイトルにあげた「ミニ地球」なのだ。

文章の流れから行くと、まだミニ地球の写真を出すところではないのだが、なにやら文章ばかりになってきて、私のほうも地球の酸素が少なくなってきたかのように息苦しくなってきたので（読者のみなさんもそう？）、**写真をお見せしよう**。

次ページの写真は、製作してから数カ月以上たった、手のひらに乗るくらいのミニ地球（製作後、オレンジ色のキノコが生えてきた。地面には菌糸がびっしり生えている）を、〝北半球〟を外して見やすくしたものだ。左側の透明の〝北半球〟を〝赤道〟にパカッと、というか、パチンというか、被せればミニ地球が元にもどる。ちなみに、この写真では姿が見えないが、地球のなかにオカダンゴムシが暮らしている（最近つくったミニ地球には、ダンゴムシに代わって別な動物が暮らしているが……それはまたあとで）。

最初はまったく手探りだった。地球の生物についても、もちろんそうだが、地球にする球状の入れ物に何を使ったらよいのかも頭に浮かばなかった。

当初は北半球にも南半球にも一〇〇円ショップで買ってきた料理などで使う透明なボウルを使い、一方のボウルを他方のボウルに被せるようにして、地球をつくっていた。ボウルの

〝縁〟のところをクリップで止めると、北半球と南半球は、ピタッと合体した。

そのうち、大学の入試広報課から、是非、大学の宣伝として、いろいろなイベントや冊子などで写真を使わせてほしいと頼まれ、私はもちろん承諾したのだ。

その際、入試広報課は、どこからかは私も知らないのだが、一〇〇円ショップのボウル二つより少し小さい、写真のような透明容器を見つけてきて、**「先生、これからはこれを使ってください」**と私にくれた。今もそれを使っている。

さて、生態系は大きく分けて**三つの〝部品群〟**からなっている（お勉強のような話になるが、お勉強をしてください）。

製作してから数カ月以上たった、手のひらに乗るくらいのミニ地球。この写真では姿が見えないが、地球のなかにオカダンゴムシが暮らしている。左側に製作時には姿がなかったキノコが現われた

一つ目は「**生産者**」と呼ばれる部品群。

「生産者」の生態系における働きは「太陽（時に特殊な物質から）のエネルギーをおもに葉の表面から取りこんで、同時に、葉や根などから二酸化炭素や窒素、リン酸、カリウムといった無機物を取りこみ、これらを結びつけて、ショ糖やアミノ酸といった有機物を合成する」ことである。

化学的に、完全に正確な表現ではないが、「太陽のエネルギーを、無機物質同士をつなぐ糊（のり）のように利用し、あたかも、無機物の間に太陽エネルギーをたくわえたようにした状態が有機物」と言ってもいいだろう。そういった、太陽エネルギーを内部に封じこんだ有機物を生産するのが「生産者」である。

二つ目は「**消費者**」と呼ばれる部品群である。

「消費者」は、自らが合成した有機物をふんだんに含んでいる「生産者」を、直接的、あるいは間接的に食べる。具体的に言うと、〝直接的〟に食べるのが草食動物、〝間接的〟に食べるのが肉食動物だ。

消費者は、体内に入った有機物を分解することにより、有機物に封じこめられていたエネルギーと、有機物を構成していた無機物質を得ることになり、それらを使って、動いたり、成長したりする。つまり生きるのである。

三つ目は「**分解者**」と呼ばれる部品群であり、「消費者」の体をつくっている有機物を無機物に分解して、「生産者」に取りこませる働きを担っている。この「分解者」の働きによって「消費者」が「生産者」と結びつき、物質は、無機物や有機物に姿を変えながら、地球のなかで循環する。この循環が「気温や湿度の程度や空気の組成の維持、水の浄化といった機能」をもつ「人類生命維持装置」＝生態系の完成には欠かせない。

「分解者」とは、具体的には、細菌類（バクテリアとも呼ばれる）や菌類（キノコやカビなど）である。

有機物の分解というのは、たとえば動物の死体であったり、春になって体から抜け落ちた冬毛であったり、脱皮殻であったり……**おもに有機物からできているそれらを二酸化炭素や窒素やリン酸、カリウムなどの無機物にする**ことだ。「分解者」は、「生産者」である植物の死体や、枯れ葉・枯れ枝など（あわせて枯死物と呼ぶ）の有機物も無機物に分解する。

考えてもみてほしい。もし森の地面や海の底に「分解者」がいなかったら、動物や植物などの死体や枯死物がどんどん溜まっていき、大変なことになる……。

ちなみに、「生産者」や「消費者」や「分解者」は、**地球の物質を移動させて循環させようとして生まれてきたわけではない**。「エネルギーによって物質の器をつくり、その器を複製して（まー、子どもをつくると言ってもいい）、時間の流れを通じて存在しつづけるもの」を生命体と呼ぶとしよう。もしその器が遺伝子という設計図をもち、その設計図に従って自分を複製しつづける器をつくるものができてしまったら、それはもう地球上に**存在しつづけてしまう**ではないか。誰も止めようがない。そ

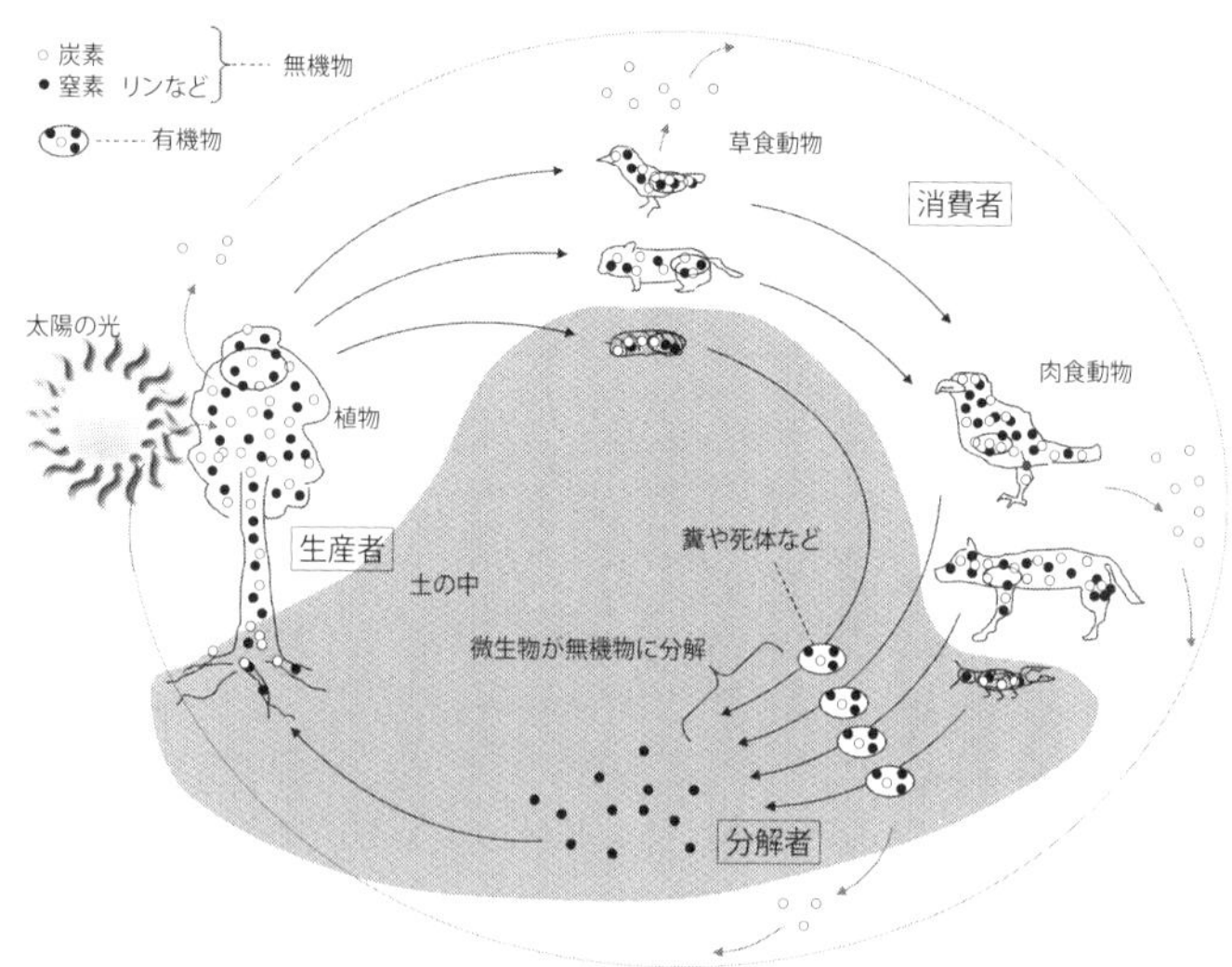

生態系における基本的な物質の移動。生態系を構成する３つの部品群。生産者が太陽エネルギーを内部に封じこんだ有機物を生産し、消費者がそれを体内に取りこんでエネルギーを獲得する。分解者である細菌や菌類は、生産者と消費者をつなぐ重要な役割を果たしている

して遺伝子が少し変わって（新型コロナウイルスの遺伝子に変異が起こって、感染して広まりやすい変異株ができるのとまったく同じである）、複製して増えやすい器ができてしまったら、今度はそれがより早く拡散していく。それが進化の本質なのだ。そうやって「生産者」や「消費者」や「分解者」は、できてしまったのだ。彼らに意思などがあって、こういう働きをもってやろう、などと思ったのでは、けっしてない。

また、ややこしいことを書いてしまって申し訳ない。でもこれ、「生命体とは何か」についての現代生物学の先端的認識だ。

またややこしそうなことを言ってしまった。

よし、**気分を変えて**、ここで、Ｇｏｏｇｌｅの検索窓に「ミニ地球」と入れてみよう。何が出てきただろうか。

一番上に、「『ミニ地球』をつくろう！：中国四国農政局」と出てきただろう。

それを開くと次のように書いてあるはずだ。

『ミニ地球』は、平成22年9月5日に岡山大学で開催されたシンポジウム「～COP10パートナーシップ事業～農林水産業と生物多様性に関するシンポジウムin中国四国」において、鳥取環境大学三野教授の講演で紹介された内容と同大学の小林教授が発案・監修しているやり方を参考に中国四国農政局で『ミニ地球』を作り、育てた内容を掲載しました。

この文章のなかの「小林教授」というのが、**申し訳ないが**（別に申し訳ないわけではないのだが、なんとなく）**私である。**「三野教授」は、もうだいぶ前に退官されたが、大変お世話になった先生である。

次は動画である。「ミニ地球　動画」と入れて検索してみよう。

一番上に「手のひらサイズの生態系!!　ミニ地球をつくってみよう！」が出てくるだろう（その動画のなかで、ミニ地球をつくっているのは、**申し訳ないが**、若き日の私である。大学のオープンキャンパスのとき、入試広報課に依頼されてやったのだ）。このように結構、大学に貢献しているのに、ボーナスなんかまったく、まったくない！

まったくない！…………

なにやら話の方向が、まったくわからなくなってしまった。

本章のサブタイトルの「ダンゴムシに代わる素晴らしい動物が見つかった」の内容へは、いつになったらたどり着くのだろうか。

まー、流れに任せて話をしていればいつかはたどり着くだろう。

ミニ地球に関しては、思い出せばじつにいろいろなことがあった。

私が顧問をしている「ヤギ部」と「畑部」の部員みんなにミニ地球をつくってもらい、それを、**大阪の大手の花屋さんで売る**という企画もやった。大手の花屋さんの社長さんが立派な方で、どこかでミニ地球のことを聞かれたらしく、わざわざ研究室に来られ、これを商品にして売れば、大変意義のある経済活動ができると言われたのだ。

一〇〇個近いミニ地球のうち、魅力のあるものから売れていき、売れたミニ地球をつくった部員にはお金が入った。**面白かった**。

「カヤネズミ、ミニ地球侵入」事件もあった。

大学で「里山学」という講義を立ち上げることになり、私も何コマか担当することになった。そのなかで、学生たちにミニ地球をつくってもらったのだが、何人かの学生は、つくったミニ地球を「持って帰れないので寄付します」と置いて帰った。

私はそれを研究室に持ち帰り、テーブルや水槽の上に載せておいたのだが、数日後、そのなかのある学生が、なんと、**教育研究棟に入ってきたカヤネズミ（!）を捕まえて**（本人は、確か「保護して」と言った。そうなのだろう）、私の研究室に持ってき

ヤギ部と畑部の部員たちがつくったミニ地球。それぞれの部員の個性が表われている。マルチバース（多元宇宙論）という言葉が浮かんでくる。なぜ左上でモモンガが滑空しているのかはよくわからない

た。

ところが、研究室に私はいなかった。でも明かりはついていたのでなかに入ってみたところ、自分がつくったミニ地球があった（そのとき使っていたミニ地球の容器は、一〇〇円ショップで買ってきたボウルだったので、容積が比較的広く、クリップを外せば北半球と南半球の間にせまい隙間ができたので、カヤネズミを入れやすかったのだろう）。

そこで彼は、**カヤネズミをミニ地球に入れて**、置手紙をして部屋を出ていったのだ。

あとは小林がなんとかしてくれるだろう、と思って（詳しいことは『先生、子リスたちがイタチを攻撃しています！』に書いている）。

この光景を見た私はちょっと驚いた。**何が起こったのだろう**と。

でも、私くらいの動物行動学者になると、冷静で、かつ、賢明だ。研究力も結構よいものをもっている。以前にも、大学の建物のなかでカヤネズミを捕まえ、私のところへ持ってきた学生がいた。そして、もともとそのミニ地球にはカヤネズミは入っていなかった。そういうことを考えると、カヤネズミが自主的にここへやってきて、自主的にクリップを外してミニ地球に入ったと考えるよりは、誰かが入れたと考えるほうがずっと可能性が高いだろう。第一、カヤネズミが、万が一、クリップを外してなかに入ったとしても、その後どうやって外からクリップを元通りにするのだろうか。

そして、この仮説の正しさは、学生の置手紙によって、見事に証明されたのだった。


下の写真を撮った直後、カヤネズミは、（近づいてくる私の姿に警戒したのか）**南極の地殻へ猛然ともぐりこみ**、ミニ地球は危機的な状況になりそうだった。

私は、慎重に、カヤネズミをミニ地球から救出し、同時に、ミニ地球自体も滅亡から救ったのだった。

これが、世にいう「カヤネズミ、ミニ地球侵入」事件である。

「カヤネズミ、ミニ地球侵入」事件の証拠写真。自分でクリップを外してなかに入った………のではなく、ある学生が「ある事情」で入れたのだった

ここで、ミニ地球のことをはじめて聞かれる方のために、ミニ地球のつくり方を簡単にお教えしよう。

用意するもの。

①容器。ガチャガチャのカプセルの大きいものがあればそれがいいのだが（大学の入試広報課の人がどこからか探してきてくれた）、なくてもまったく困らない。先にも書いたが、一〇〇円ショップで、料理用の透明なボウルを二つ買えばよい（二つを合体させるには縁の部分をクリップで止める）。

②園芸用の小さなスコップ。

③スコップが土中に深く入るように柄の〝頭頂部〟をたたくための金槌。

④もしあれば、小さな鋸（のこぎり）（あまり使わない）。

容器のなかは、これはそれぞれ好みがあるので（すぐには思いどおりのものをつくることはできないかもしれないが）、**好きな生態系の光景をつくればよい**。私の場合は、まずは「生産者」である。

容器のなかに収まる小さな幼木を探し、**シンボルツリーが丘の上に立つようなデザイン**にする。そしてシンボルツリーより小さな幼木や草本やコケを集め、さらに腐葉土や、菌類の菌糸が表面を覆った枯れ葉、枯れ枝、ミニ地球を楽しくするコナラやクヌギの堅果（ドングリ）を集め、それらを容器内で出合わせていくのだ。

最後に、ダンゴムシを一匹入れて、北半球を被せると、生産者、消費者（ダンゴムシ）、分解者（腐植土の細菌や枯れ葉の上の菌類など）がそろった「ミニ地球」生態系が出来上がる。

これならば、小学生でも、ひと目見て、**具体的に（！）生態系の実態がわかる**ではないか。

あるとき、日本環境教育学会のワークショップで、

小さな生態系をつくるにあたって、私はまず「生産者」である小さな幼木を配置する。それからコケ、腐葉土、菌糸がついた枯れ葉、ドングリ、ダンゴムシなどを投入していけば「ミニ地球」生態系の完成だ

小学生をおもな対象者にしてミニ地球づくりを行なったとき、ある女の子は、自分がつくったミニ地球を、ほんとうに大事そうに両手に抱えて、持って帰っていた。ミニ地球が愛おしく思えたのだろうか。

またあるときは、鳥取県と姉妹協定を結んでいる米バーモント州のミドルベリーの学生一〇人ほどが大学を訪問したとき、私にミニ講義をしてくれないかという依頼があったので、ミニ地球をつくってもらって生態系についての授業をした。鳥取での一週間ほどの滞在らしかったが、帰国の前の日に、学生たちが県庁の知事を表敬訪問したとき、知事が、**鳥取で一番印象に残ったのはどこでしたか、何でしたか**、と質問されたそうだ。そのとき、ある学生が**「ミニ地球です」**と答えたという（関係者の方が教えてくださった）。おそらく知事は、「ミニ地球？それはなんですか」と聞いたにちがいない。要するに、ミニ地球は、知識とともに、ヒトが自然や生命に対して感じるロマンを呼び起こすものだと思うのだ。

最近のミニ地球をめぐる事件で思い出すのは、「ミニ地球東西分断回避」事件であろうか。

ちなみに、この事件は別名**「赤道が垂直になったミニ地球」事件**とも呼ばれる（私が呼んでいるのだが)。

事件の概要は以下のとおりであった。

私の研究室には、今、ミニ地球が三つある。一つは、二〇二二年九月につくったものだ。置いてある場所は、三匹のアカハライモリと三匹のオイカワ(川魚)を飼育している、長さ九〇センチの大きな水槽の上だ。

私がデスクにつくと(つまり椅子に座ると)、左側のいくぶん後方に水槽があり、その水槽の蓋の上に、ミニ地球が、自転や公転こそしないが(アタリマエジャ)、緑の惑星のように静かにたたずんでいた。ミニ地球の南極点あたりには、ドーナツ型の小さな台座があり、その上に地球は鎮座していたのだ。

悪いのはアカハライモリだ(と思う)。ミニ地球がつくられてから一カ月ほど過ぎたある日のことだ。ふと、左を見ると、一匹のアカハライモリが水槽内に植えこまれたアシの茎葉を登っており、しかも運悪く水槽の蓋がずれていて、そのままだと水槽から外に出てしまう可能性があった。おそらく私が、数日前にアカハライモリやオイカワに餌をあげたとき、蓋をずらし、元にもどすのを忘れていたのだろう。

もし水槽から出てしまったら、水槽から落ちて、床を這いまわりやがては**干からびてしまう**だろう。

ああ、気がついてよかった、と思った私は、蓋のずれを直しにかかったのだが、私の研究室のデスクのまわりには、私が顔を上げて頭を回転させると見えるようなところに、アカハライモリやオイカワ以外にも、ホンヤドカリ、オカヤドカリ、ミシシッピアカミミガメ（以前、子どものアカミミガメが、なぜか、私が時々訪ねる海岸の潮だまりで泳いでいたのだ。今は特定外来種に指定されており、飼育中のものについては野外に放さず飼いつづけることが義務づけられている。だからこれからも、飼いつづけなければならない）などがいる。

蓋の位置を直そうとして立ち上がり、体をよじって、動物たちに気づかいしながら窮屈な姿勢で〝周辺〟に手を伸ばしていると、なんと、水槽の蓋の動かし方を誤って**蓋が傾いてしまったのだ**。

すると、〝ドーナツ〟に鎮座していたミニ地球が**自転、公転を開始し**、一・五メートルほどの高さから床に落ちてしまった。

やはり、世の中、つまりほんとうの地球では、何が起こるかわからないのだ。

「アッ、ミニ地球が一つ滅びた」と、万感の思いで眺めていると、ミニ地球（だったもの）は、椅子か何かに行く手を阻まれ、床であまり転がることなく、ある場所に静かに止まった。よく見ると、赤道が床から垂直に〝立っている〟。つまり、……そういうことだ（コレハモウダメダ）。

私は、とりあえず、水槽の蓋の位置を直し、「赤道が垂直になったミニ地球」の所に行き、なかをゆっくり見てみた。すると、これがまた微妙で、もう、なかはメチャクチャになっている！というわけではなく、かろうじて、赤道上の一点が南極点になり、一連の生産者たちは、元の姿の面影をかろうじて残した状態でじっとしているではないか。

こんな状態のミニ地球はこれまで見たことがなかった。したがって、**これからどうなるかまったくわからなかった**。普通に考えれば、もう駄目だろう。このままにしておいたらミニ地球は、少しずつミニ火星のようになっていくだろう。

ただし、だ。私は決めつけなかった。ほんとうの地球で予想もしないことが起こったのだったら、ミニ地球でも何が起こるかわからないではないか。

私は赤道垂直ミニ地球をそのままの状態で慎重に持ち上げて（もうこんな失敗はしない！と

心に誓って。いや、アカハライモリに、**蓋が開いているときにアシの茎葉を登ったりするなよ**、と心のなかで強く言って）元の場所にもどし、ドーナツ型台座の上に鎮座させた。赤道が垂直になったまま、だ。

　そうして日は過ぎていったのだが、驚いたことに、シンボルツリーも、小さい幼木も草本もコケも頑張りつづけ、ミニ地球がミニ火星になる気配はまったくない（ダンゴムシの姿が見えなくなったのがちょっと気になるが）。**なにやら新しい光景が生まれ**、生物たちがその状態になじんできたようなのだ。ちなみに、そのミニ地球をつくってから水は一切入れていない。

アカハライモリの脱走を防ごうとした際、誤ってミニ地球を落としてしまった。赤道が垂直になってしまったが、地球は滅びることなく（だいたい）元の状態を保った状態で止まった

ミニ地球には、容器を開けてなかに手を加えたりすることなく、このまま生態系を維持しつづけてほしいと願う毎日だ。なかに手を加えるためには、旧赤道をパカッと開けなければならないのだが、そうするとミニ地球の東西が分断されることになる。だから、「赤道が垂直になったミニ地球」事件は、正式には、「ミニ地球東西分断回避」事件と呼ぶことにしているのだ。

さて、ここまで書いてきて、なにやら雰囲気になってきた。

ヤマトシロアリの雰囲気だ。

本章サブタイトルの「ダンゴムシに代わる素晴らしい動物が見つかった」の内容へ移行できる雰囲気だ。

先ほど、私の研究室には、今、ミニ地球が三つある、と書いたが（そして、そのなかの一つで大災害が起きた）、もう一つのミニ地球では、じつに、革命的というか、ミニ地球を**一段レベルアップさせるような出来事**が起こったのだ。

ある日のことだった。

急に冷えこんで、体調が悪くなり、仕事もうまくいかず、気分が湿りがちになっていた。私は、奮起して、大学林に行き、ミニ地球をつくることにした。自然にふれ、体を動かすことにしたのだ。

私がミニ地球をつくる場所は三カ所あり、そのとき行ったのは、情報メディアセンター(図書館)の北側にある、大学の開学当時、私が「三角林」と名づけた場所だった。一辺二〇メートルほどの三角形の区画が、周囲は伐採されて雑木林の苗が植えられていたのに、なぜか手つかずの状態で残されていたのだ。

三角林で私は、いろいろな動植物とふれあった。シラカシの大木につけた巣箱で子育てをしているシジュウカラの親に叱られたり、シロマダラというめずらしいヘビの子どもに出合ったり、じっと隠れているノウサギの子どもに出合ったり、フクロウのものだと思われるペリット(鳥が、捕食したけれど消化できなかった骨や体毛などを口から出したもの)を見つけたり、孵化した子どもたちをしっかり抱いて育てているオオムカデに感動したり……。

シラカシやスダジイの枝葉が林冠を形成するうっそうとした区画もあり、ミニ地球づくりには適した場所だ。

ミニ地球の材料をさがしにいった三角林で出合ったものたち。シジュウカラ、ノウサギの子ども、フクロウのものだと思われるペリット、子育て中のオオムカデ

バケツのなかにスコップと金槌とミニ地球のカプセルを入れて三角林に向かった私は、少し元気になったような気がした。

作業は順調に進んでいった。

シンボルツリーはアラカシ、サポートツリーはヤブコウジ、カクレミノの幼木、草本はスゲ（種名まではわからない）だ。そしてコケ（これも種名はわからない）。林床からそのままとった地面には、ほとんど元のままの形を残す枯れ葉と小断片になった枯れ葉をまばらに置き、コナラのドングリや殻斗（かくと）（ドングリの帽子のように見えるもの）、そして、**林床に横たわっていたアカマツの太めの枝を割って多めに敷いた**。シンボルツリーを支える目的もあった。

最後にダンゴムシ（これは三角林ではなく、メディアセンターのそばの草地からとってきた）を入れて、北半球を被せた。

そして一週間ほどが過ぎ、ミニ地球のなかの生き物も互いになじんで調和が感じられるようになったころだった。私は、デスクワークに疲れて、水槽の動物たちやミニ地球に目が動いて彼らをぼんやり見た。

やっぱり私くらいの動物行動学者になると、ぼんやり見ていても、どうしても鋭い分析の作業は自動的に行なってしまうのだろう。あるミニ地球の南半球の地殻のなかに異変を発見したのだ。

なにやら白い小さな物体が動いているのが見えた。つまり、地殻が透明プラスチックと接する部分のところどころに、わずかに隙間が空いており、その隙間で白いものが動いていたのだ。

もちろん私くらいの動物行動学者になると、白い小さな物体がなにか、すぐにわかった。……日本固有の在来種である**ヤマトシロアリ**である（イエシロアリではない。イエシロアリは、かなり昔に日本に侵入した外来種であり、私は彼らを数回しか見たことはないが、ヤマトシロアリとの違いはわかる）。

ミニ地球が完成した。つくってから1週間ほどたつと、ミニ地球のなかの生き物も互いになじんで調和が感じられるようになる

顔を近くに寄せてよく見てみると、ヤマトシロアリたちは、南半球の地殻に細い通路を掘り、地殻の奥から表面の隙間に現われ、表面の隙間にも通路ができつつあることが見てとれた。

そして、それらのヤマトシロアリたちが、どうしてここにいるのかも、すぐ頭に浮かんだ。そう、三角林からやって来たのだ。正確に言うと、**三角林から連れてこられたのだ。私に。**

三角林は確かにヤマトシロアリが多い場所だ。倒木などのなかで、群れをなして採食している。私がミニ地球をつくったとき、地面に敷いたアカマツの枝に入っていたというのが一番ありそうな話だ。そうか、三角林からやって来たのか。いいや、連れてこられたのか。私は、なにか、深

ミニ地球の南半球の地殻のなかで何かが動いている。ヤマトシロアリ（矢印の先）だとすぐにわかった。細い通路を掘り、地殻の奥から表面の隙間に現われ、表面の隙間にも通路ができつつあることが見てとれた

い親しみを感じた。これから、毎日、君たちがどんなふうにミニ地球で暮らしていくか、**楽しみだよ**、と思ったのだ。

さて、話をもどして、ヤマトシロアリたちを見た私が、なぜ、ミニ地球内にこのシロアリがいたことについて「革命的というか、ミニ地球を一段レベルアップさせるような出来事が起こったのだ」と言ったのか、という理由を説明しなければならない。詳しい内容は後ほどお話しするが、このシロアリは、生態系のなかで消費者であると同時に、**とても優れた分解者**として、地面に積もる有機物を無機物にして、植物が吸収できるようにしているのだ。

シロアリは**腸内に、莫大な数の原生動物**を生存させており、さらにそれらの原生動物のなかに、これまた莫大な量の細菌類を存在させている！………、ちょっと口が滑って、あとでゆっくりお話ししようとしていたことを喋ってしまいそうになった（もうちょっと喋ったけど）。気をつけよう。

そうか、ミニ地球には、ダンゴムシではなく、シロアリを入れればいいのか。そうすれば、シロアリは、ダンゴムシと違って、ミニ地球のなかで繁殖し、ずっと生態系の一員として生存しつづけてくれるではないか。

では、寄り道はせず、「革命的というか、ミニ地球を一段レベルアップさせるような出来事が起こったのだ」と言った理由の本題に入ろう！（もうだいぶ、入ってしまっていたけど）

でもまー、その前に、そのーー、〝本題〟のカギになるヤマトシロアリについて、**少しお話ししておいたほうがよいだろう**。うん。

私とヤマトシロアリとのつきあいは、あまり深まることはなかったが二〇年以上になる。つきあいの内容をたくさん書いて一冊の本くらいになってしまってはいけないので、今回は、私が大学の生物学実験の一部としてやっている、ヤマトシロアリの①行動特性と②生理生態特性みたいなものを簡単に説明して、ヤマトシロアリについて理解を深めていただきたい。

まずは、生物学実験の最初に、学生たちにも見てもらっている、ヤマトシロアリの顔、および、その周囲の様相の顕微鏡像を見ていただきたい（次ページの写真である）。

読者のみなさんは、ヤマトシロアリのこんなつぶらな瞳がある**丸ーーい顔**を見られたことがおありになるだろうか。

触角が数珠（じゅず）のようになっていて、学生たちに質問して「表面積を増やしている（より多くの化学物質と接触できる）」という状態を確認してもらっている。

それでは、一つ目の行動特性について説明しよう。ヤマトシロアリたちがつくる「餌場までの道」についてだ。

次ページの写真を見ていただきたい。

二四センチ×一五センチ×高さ六センチのバットの床の端半分に、大学林から持ってきた、ヤマトシロアリがなかにいる餌場木材を置く。続いて、反対側の床に水を含ませたティッシュペーパーを丸めて数個、置

ヤマトシロアリの顔、およびその周囲の様相の顕微鏡像。
なんとつぶらな瞳だろうか

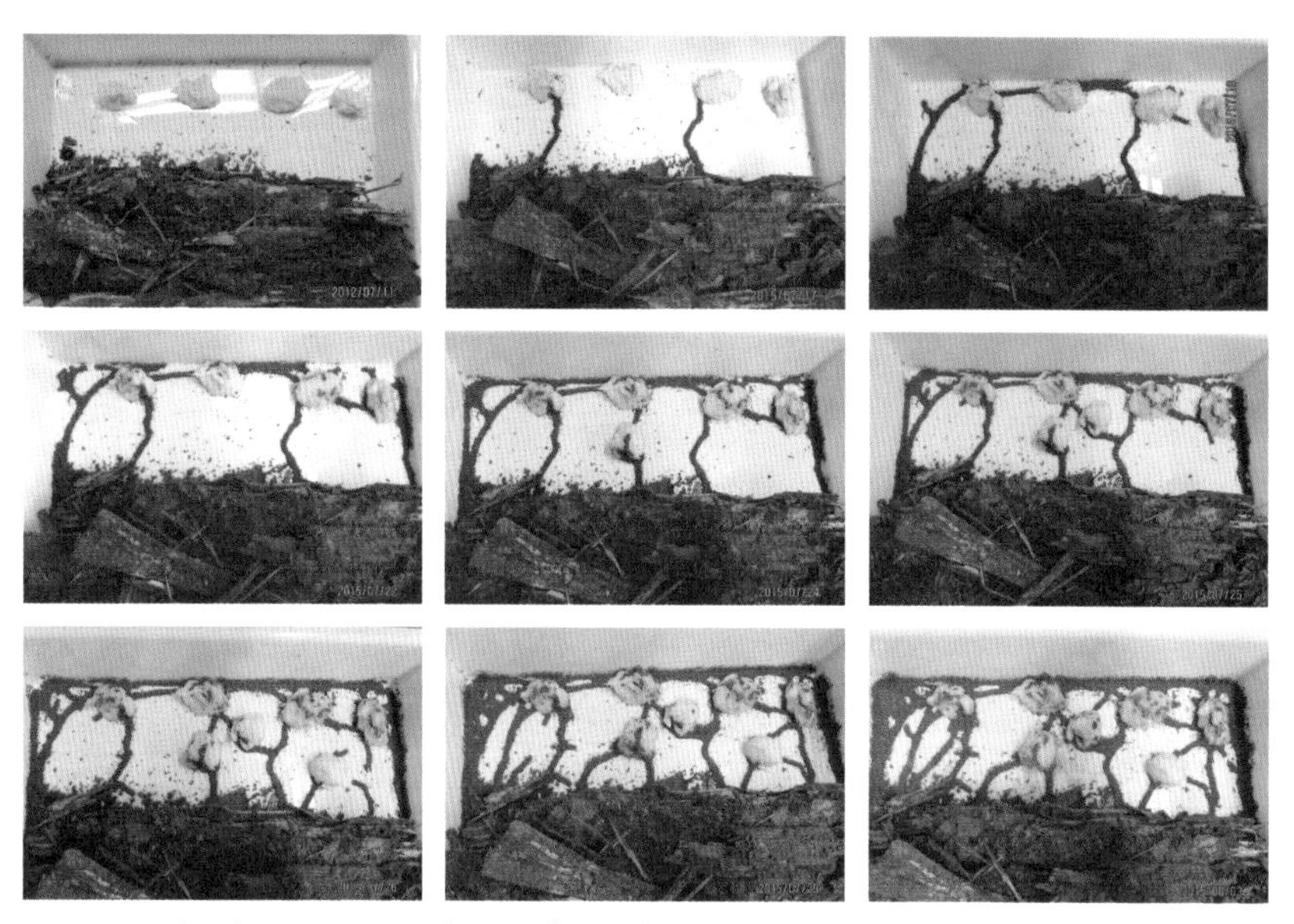

ヤマトシロアリたちがつくる「餌場（ティッシュペーパー）までの道」の1カ月の成長過程。トンネルは木の屑でできている。トンネル道はどんどん伸びていき、長さと本数が増していく

トンネル道を天に向かって伸ばしはじめることもある。15cm近く伸ばすこともあるから驚きだ

く。そして蓋をして、数日間から数週間、待つ。途中、餌場木材と丸めたティッシュペーパーにスプレーで水をかける。

すると、**次のようなことが起きはじめる**。シロアリたちが、新たな餌場（ティッシュペーパーはヤマトシロアリの大好物らしい）まで、トンネル道（正確には蟻道（ぎどう）という）をつくり出すのだ。材料は、木の屑だ。

その後、トンネル道は伸びていき、長さと本数が増していく。前ページの写真の変化は、約一カ月で起きたことである。

ティッシュペーパーの塊を内側から食べ尽くしたシロアリたちは、**トンネル道を天に向かって伸ばしはじめることもある！**　一五センチ近く伸ばすこともあるから、すごい。

ちなみに、これらのトンネル道ができる過程について、私は次のような仮説をもっている。彼らの行動を見ていると、まずは、一匹のシロアリがティッシュペーパーの湿塊を見つけ、ベースキャンプにもどっていく（おそらく、そのとき尻部の分泌腺から、アリ類でもよく知られている道しるべフェロモンを床につけて帰るのだろう）。するとほかのシロアリたちが道しるべフェロモンをたどってティッシュペーパーのところに通い出し、行列ができる。次の写真のように。

「このフェロモンが**揮発性であること**」（そうでないと餌がなくなってもいつまでも〝道〟が残って、何本もの〝道〟にシロアリたちが混乱する）を示す、じつにわかりやすくて、学生たちの考察を促進する実験も、私の冴えたセンスで考え出している。また、フェロモンの種類を探っていく実験も考え出している（でも、ここで具体的に書いていって一冊の本くらいになってしまってはいけないので、やめておく）。

要するに、シロアリたちは、彼ら独自の道しるべフェロモンが床にたくさんつけられ、それが揮発してフェロモン物質の高濃度の煙幕が線状に続くような状態になると、トンネル道形成行動の神経系のスイッチが

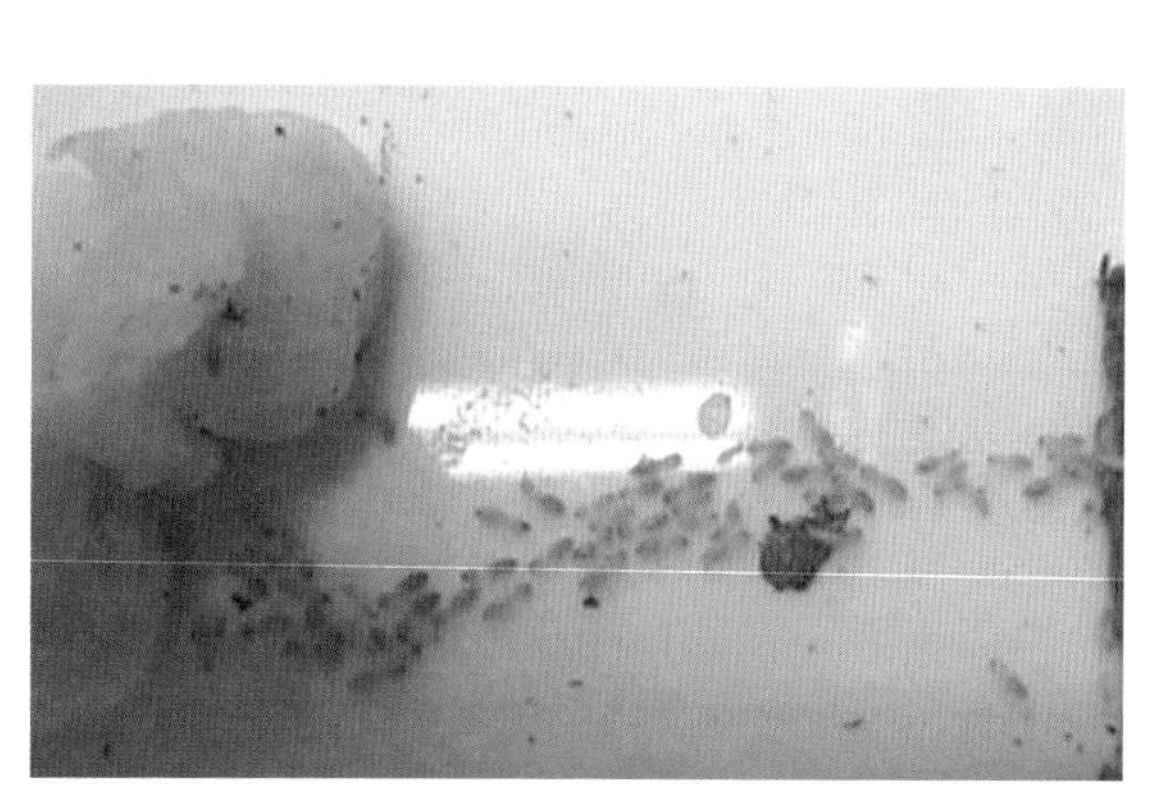

餌（ティッシュペーパー）を見つけたシロアリが、道しるべフェロモンを床につけて帰るのだろう。ほかのシロアリはそれをたどって餌場を目指すのだ

オンになるのではないかと思うのだ。

ちなみに、もう一つお話ししておくと、彼らが**道しるべフェロモンを感知するのは触角だけではない**ことが、学生たちに自由に考えて実施してもらう試行実験でわかった。慎重に、触角だけを切り取ったシロアリも、道しるべフェロモンに追従するからである。おそらく、口器周辺の感覚器が働くのだと推察される（そんな可能性がある論文に書いてあった）。

では二つ目の生理生態特性について。

これが、今回の「ミニ地球でのヤマトシロアリの働き」と直結する内容である。もうかなり、私自らネタバレしてしまったが。

要は、ヤマトシロアリの小腸内を見るのである（ちょっと熟練が必要だが）。すると、そこにはなんと、線形やらせん状、まが玉の形、円形など、**いろいろな形態の原生動物**がぎゅうぎゅう詰めで漂い、そのなかを、ほかの原生動物よりひとまわりかふたまわり大きく、動きも早いクジラのような原生動物が、あたかも大海原を泳ぐように進んでいくのだ。

次ページの写真はいろいろな事情でイマイチだが、すべての原生動物はその体表にビッシリと繊毛(せんもう)や鞭毛(べんもう)を生やしており、それを素早く動かしながら、ちょうど、ラグビーボールを投げるとき、〝自転〟させながら前方へ飛ばすときのボールと同様な動きで、進んでいる。

そして、**さらに**、この原生動物のなかには多種の細菌類が大量に棲んでいて、もともとはヤマトシロアリが食べた枯死物という有機物を、無機物に分解しているのだ。その無機物の一部が、たぶんヤマトシロアリの糞などとして地面に落ち、それを植物が吸収する、という、**生態系の重要なつなぎ目になっているのだろう**。

光学顕微鏡では、細菌類を見ることはできない。原生動物までだ。でも、この原生動物の存在は学生たちに印象深く受け取られ、熱中して見てくれる(アルコ

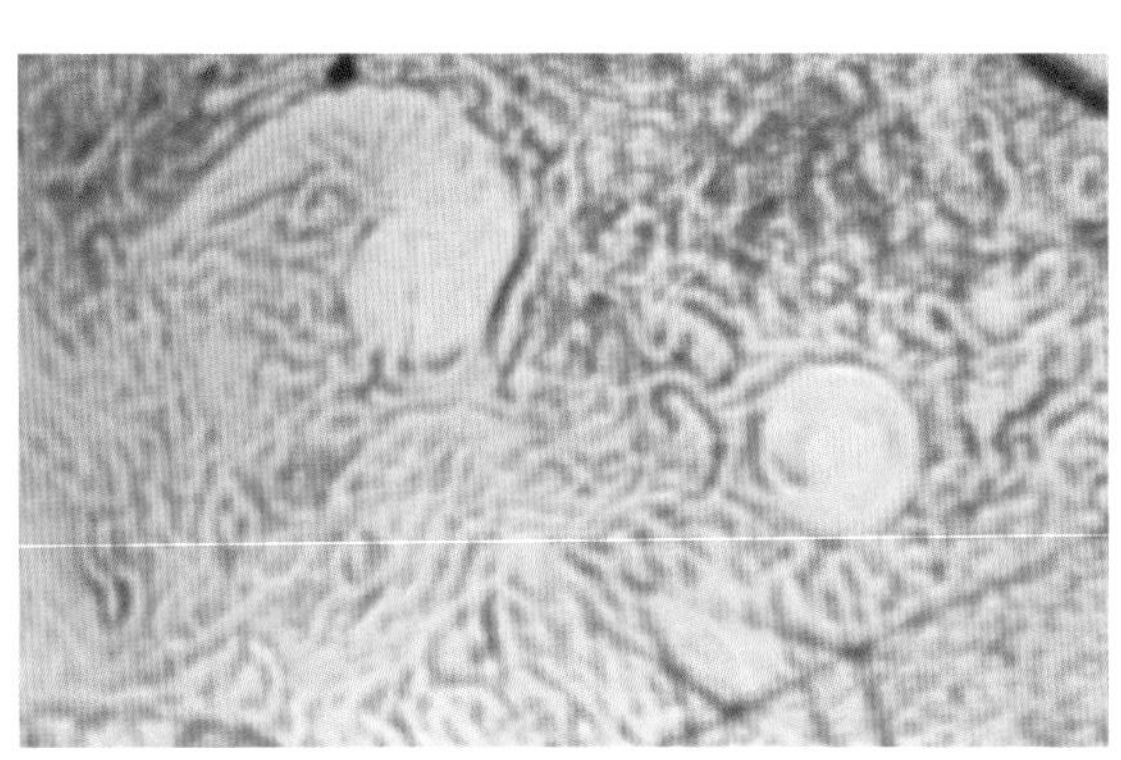

ヤマトシロアリの小腸内にいた原生動物。原生動物は体表にビッシリ生えた繊毛や鞭毛を素早く動かしながら、ラグビーボールのような動きで進む

ールなどで殺して、染色して見るやり方もあるが、私は、生きて動いている原生動物を見せるようにしている。**ホモ・サピエンスという動物は、そのほうが興味を示しやすいのだ**)。時々、私がまったく見たこともない姿の原生動物を見つける学生もいる。

一番、私の記憶に深く刻まれているのは、鳥のオウムの顔(横向き)のような容姿の、丸型の大きな原生動物だ。中心に大きな目のような形の構造物があって、嘴のようなものまでついていた。**新種の宝庫の一つだろう**。

「革命的というか、ミニ地球を一段レベルアップさせるような出来事が起こったの

白丸のなかにシロアリが10匹ほど見える。ヤマトシロアリの加入によって、ミニ地球はよりにぎやかになっていくだろう

だ」と言った理由、すでにおわかりになった方もおられるだろう。

つまり、ヤマトシロアリが入ってくれれば、ミニ地球は、「消費者」であるシロアリ本体と、そのなかの原生動物のなかの細菌という「分解者」を同時に得ることになるのだ。そして、ヤマトシロアリはミニ地球のなかで繁殖し、菌類など（細菌類ではない）とともに、生態系の維持にずっとかかわってくれるのだ。

おまけに、ヤマトシロアリたちは、個体が集合して、そこから〝仕事〟に出ていくような〝巣〟のようなものをつくり、それをミニ地球の外側から見ることができるのだ。

毎朝、どんな変化が起こっているのか、ほかの生物たちの変化と合わせて見る楽しみが増える。

いや、これからが楽しみだ。

骨を壊して
キャンパスの街灯の下に落ちていた
ユビナガコウモリ

頑張れ、頑張れと声をかける毎日

仕事に一段落をつけ、さて帰ろうかと荷物をまとめていると、研究室のドアをノックする音が聞こえた。

「ハイッ」と言ってドアに近づくと、（顔なじみの）警備員さんがドアから入ってきて、少し興奮した様子で言われたのだ。

「キャンパスの見回りをしていたら、**街灯の下にコウモリらしきものが落ちているのを見つけたのですが**、先生、一緒に来てもらえないでしょうか。まだ生きているようなんです」（先生の部屋に明かりがついていたので、よかった、と思ってお邪魔しました、とも言われた）

鳥取環境大学に勤務しはじめてから二一年目。〝鳥〟については、こういった話は時々あったが、コウモリについてははじめてだった。

私は、一日の仕事が終わったなー、という気持ちだったが、コウモリにとっては、**さーて、本格的に一日がはじまった**、というところだっただろう。状態を見ないとわからないが、街灯に集まる虫を捕獲していて、街灯にあたって大怪我をしたのかもしれない。だとしたら気の毒なことだ、と思った（ちょっとインテリ風で研究者志向、いつもにこやかな表情の下に大きな闘志を秘めていた、昆虫大好きだった元ゼミ生のＭｔくんは、収集の対象にしていた蛾を捕まえるため街灯回りをしていた。そのＭｔくんが、街灯には時々コウモリが来ます、と教えてくれたことがあった)。

私は、もちろん、すぐ研究室を出て、警備員さんについて**現場へと向かった**。

警備員さんは、キャンパスの北の、建物群と大学林との境になる道路を進んでいった。その道路に沿って、数十メートルおきに街灯が立ち、周囲を薄明るく照らしていた。

道路と街灯、それらがつくり出す光景を、私は、帰宅のために駐車場に向かうとき、毎日と言っていいくらい見慣れていたが、時々、その光景のなかに**動物のシルエット**を見ることがあった。

ある夜、警備員さんが「街灯の下にコウモリらしきものが落ちている」と研究室にやってきた。警備員さんについて現場へ向かった

キツネであったり、タヌキであったり、ウサギであったり、**放牧場から脱走した不良母娘ヤギ**（クルミとミルク）であったり……。

街灯の光を背景に浮かび上がってくる彼らのシルエットは、昼間の光の下で見える彼らの姿とは、**また違った印象**を私に投げかけてくる。

それは、洗練されたフォルムであったり、孤高であったり、ノスタルジアであったり、人間の自然破壊の罪であったり……。

あるときは、騒々しい、ドタバタのシルエットが街灯の下を通り過ぎていった。

大きな（たぶん、雄の）アナグマである。体を揺らしながら、**ジェジェジェ**（いつぞやのドラマとはまったく関係ない）という、一度耳に

帰宅のために駐車場に向かうとき、街灯が照らし出す光景のなかに動物のシルエットを見ることがある。私はそれを見て、いろいろなことを思うのだ

したら忘れられないような声を発しながら、移動していったのだった。

まー、こういった、**けっしてエレガントとは言えない**シルエットも野生の一面ではある。そのとき、私のなかでは、野生が覚醒したような気持ちになり、**追いかけたい衝動に駆られた**。一方、研究者としての私のなかでは、ジェジェジェという発声に知的好奇心が覚醒し、「えっ、アナグマがこんな声を出すなんてきいたことないぞ」と思った。

残念ながら、追いかけるゆとりを与えずアナグマは闇に消えていき、ジェジェジェについては、あとで、ある写真集で、その習性について知ることになった。

野生動物の写真家であり研究者でもある福田幸広さん（一度、ある雑誌の企画で対談をしたことがあった）が写真集『アナグマはクマではありません』（東京書店、二〇一七）のなかで、雄が雌に対して求愛時にジェジェジェと鳴くこと、そして、その声は、雌が自分の子どもたちに対して移動を促すときにも使われるということが書かれていた。

さて、コウモリだ。

いったい種類はなんだろう。どんな状態で落ちているのだろう。助けてやれるだろうか。

……いろいろ考えながら歩いていき、その場に着いた。

警備員さんが、少し地面を探したあと「あっ、あれです」と指さした先には、翼が左右非対称に広がり、うつぶせになったコウモリが道路の縁石に見えた。そして、**それが、ユビナガコウモリであることはすぐわかった**。

身を屈め、手袋をはめた両手で、両翼を左右からゆっくりと挟むようにして持ち上げると、ユビナガコウモリは、……**生きていた**。私の手のなかで、口を開けて、ユビナガコウモリ同士が敵対的なやりとりのときに発する、ヒトにも聞こえる音（コウモリは、ヒトには認知できないくらいの高周波数の声＝超音波だけを発するのではない。周波数が低い声も発するのだ）を出しながら、あたかも私に抗議するかのように顔を動かした。翼も動かした。**でも飛べなかった**。

翼が左右非対称に広がり、うつぶせになったコウモリが道路に落ちていた。ユビナガコウモリだ

左側の翼に問題があることはすぐわかった。動かそうとするのだが、翼全体が、統制がまったく取れていない集団のようにばらばらに動く、とでも言ったらよいのだろうか。

問題の部分を、なるべく痛みを与えないように配慮しながら探し当て、よく見ると、上腕骨と橈骨(とうこつ)との継ぎ目が、骨や腱もろとも壊れ、皮膚も破れて血が出ていた。

いったいどんな目に遭ったのだろうか。街灯と不運なぶつかり方をしたのだろうか。落ちたあと、また何かがあったのだろうか。

私の頭のなかには、コウモリを不憫に感じる思いと同時に、**いろいろな思いが浮かび上がってきた**。

上腕骨と橈骨との継ぎ目が、骨や腱もろとも壊れ、皮膚も破れて血が出ていた

その一つは、そのコウモリが、キャンパス内を飛ぶことなど稀である「ユビナガコウモリ」であったことが、二日前に、**ゼミの実習で行なった「冬眠中のユビナガコウモリの観察」**に関係しているような、妙な気持ちである。

その洞窟は廃坑になった鉱山跡で、幅が三メートル、高さが二メートル、ところどころ、水が腰のあたりまで溜まっている、結構、ロマンに満ちた洞窟だった。入り口から三〇メートルほど進んだところからは水深が増し、それ以上は探索不可能だった。

そんな洞窟に、毎年、ユビナガコウモリが大群で冬眠し、キクガシラコウモリや、ときには

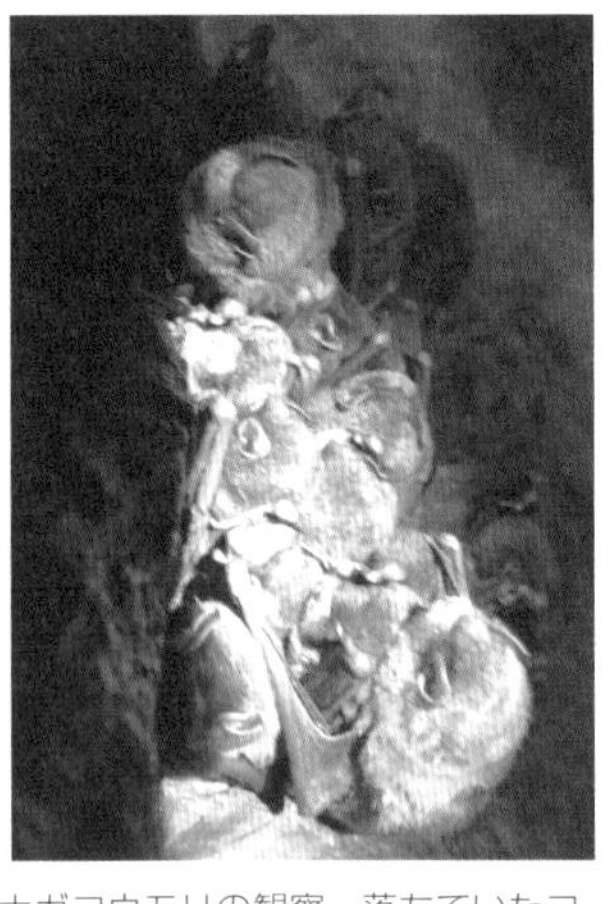

ゼミの実習で行なった冬眠中のユビナガコウモリの観察。落ちていたコウモリは、この洞窟からわれわれについてきてしまったのかもしれない。（左：洞窟のなかを進むポニーテールの女子学生の後ろ姿、右：体をくっつけあって冬眠しているユビナガコウモリ）

コキクガシラコウモリ、モモジロコウモリ、(通常は洞窟には入ってこない)テングコウモリも冬眠していた。

その実習では、テングコウモリを除いた四種すべてのコウモリを確認することができた。でも一番多かったのは、群れで冬眠していたユビナガコウモリだったのだ。

そんなことがあったので、街灯の下に落ちていたコウモリは、その洞窟から、**われわれについてきたのではないか**、………みたいな。洞窟は、大学から車で三〇分くらいのところにあり、距離的には十分可能なのだが………。

街灯の周囲の光の小空間を、巨大な闇が囲み、その小空間のなかに、傷ついたコウモリがいる。非日常的な環境のなかでは、ヒトの(私の、というべきか)脳は、創造性豊か(?)になるのだろうか。

「では、よろしくお願いします」

そう言って、善良な警備員さんはキャンパス内の巡回の仕事にもどっていかれた。

警備員さんがいなければ、そしてその警備員さんがコウモリを発見していなければ、コウモリは、朝までには、体力の消耗とか何かによる捕食などによって、死んでしまっていた可能性が高い。そして、**その命のバトンは私に手渡されたわけだ**。

研究室にもどった私は、腰を据えてかかろう、と自分に言い聞かせるように、どっかりと椅子に座った。片手でコウモリを持ち、片手で、水を入れた小さなスポイトの先をコウモリの口元に運び、少しずつ水を押し出した。

この子（雄だった）は心身ともに苦しい体験をしたのだから、体から水分がかなり失われているにちがいない。それは、これまで多くの傷ついた鳥獣を扱ってきた私の体験からくる推察だった。

思ったとおりコウモリは水をよく飲んだ。

次に、研究室に置いてあったミルワームを、ピンセットで口元に運んでやった。コウモリは思ったとおり、ミルワームにかぶりつきムシャムシャ食べはじめた。まずは「よかった」と思った。

これも経験からの行動だったが、ただ、こんなときは、少しだけ、**複雑な気分**にもなる。ユビナガコウモリという動物の命を救うため、ミルワームを殺すという行為を行なっているわけだから。ミルワームは、もちろん、体をよじって逃れようとした。**コウモリは「痛さ」を感じるがミルワームは感じない、という根拠などどこにもない**。それでも、ミルワームをコウモリに与えている。矛盾だ。

まー、人生には矛盾がつきもの、というか、自分が何かを取りこんで生きているわけだから、生きることそのものが矛盾なのだが。そして、「矛盾」という概念をつくったのも、そもそもヒトなのだ。「矛盾」という〝真理〟が存在するわけでもなんでもないのだ。

夜、コウモリと、相手の命をめぐって一対一でやりとりしていると、いろんなことを思うのだ。もちろん、動物行動学の知見に立脚した思索だが。

コウモリは、すごい勢いでミルワームを食べた。昆虫、それも空中を飛翔している捕えにくい昆虫を確実に捕食できるように進化したと考えられる、細かく鋭い歯で、素早く嚙みながら食べるのだ。カリカリカリという音がしっかり聞こえてくる。

これまで扱った、何百個体かの（少し盛ったかもしれない）ユビナガコウモリは、慣れる前であっても、私に体をつかまれた状態で、好物である昆虫（特に幼虫）を貪欲に食べた。彼らの脳内では、食べるという欲求が、ほかの情動に優先するような仕組みになっているのだろう。

私は、翼が壊れたユビナガコウモリに、彼が「もう十分、ゲプッ」みたいになるまでミルワームを食べさせた。

さて、問題はここからだ。この〝翼壊コウモリ〟をどうしてやるのが一番いいのか、という問題だ。

私の直感は**「もう飛べるようになるまで回復させることはできないだろう」**と告げたが、いずれにしろ、当面は、飼育してやらなければならない。私は、これまでの経験からの記憶を総動員し**次のような飼育場**をつくった。

大きな水槽に砂を敷き、その上に大きな扁平・縦長レンガ二つと、表面がザラザラ・デコボコの大きな石を一つ置いた。二つのレンガのうち、一方は地面に倒して置き、もう一方は立てるようにした。

これまでの経験からの記憶を総動員してつくった飼育場。立てたレンガを伝って地面のレンガや石と天井の網目シートを行き来できるようにした

蓋は、木の枠に、コウモリが爪をかけてぶら下がれるようなプラスチックの網目シートを張りつけてつくった（実験用のコウモリのために用意していたものがあった）。そうしておけば、翼壊コウモリは、（倒して置いた）地面のレンガや石と網目シート天井を、（立てた）レンガを伝って行き来できると考えた（実際、予想どおりになった）。

さて、今日はここまで。
翼壊コウモリが天井にぶら下がるのを確認して帰ることにした。
とりあえずできることはやった。あとは、明日の朝、研究室に来たとき、翼壊コウモリが、元気な姿を見せてくれるか、………。冷たくなって横たわる姿も頭に浮かんだ。ありうることだ。私の直感は、そんなことも言うのだ。

そして、次の朝。
翼壊コウモリは生きていた。水槽のなかを暗くするために、水槽全体を覆うようにかけていた布をゆっくり取ると、天井にぶら下がっていた翼壊コウモリが少し体を動かした。ぶら下がっていた場所も昨夜の場所とは違うところだった。つまり移動したということだ。

ひとまず安心。

ちなみに、この翼壊コウモリは、このころから「ユバ」と呼ばれるようになる（私がそう呼んだのだが）。その理由は、本章の展開とともに徐々に明らかになっていくはずだ（ウソです。最後あたりで簡潔に言います）。したがって、ここからは「ユバ」と呼ばせていただく。

蓋を開けて、ぶら下がっているユバの口に水の入ったスポイトの先を運んで水を口に注ぐと**ユバはしっかり飲んでくれた**。これも元気さの確認だ。よかった。

餌は夜だ。

蓋を元にもどし、布をかけて、はい、また夜な、みたいな。

そして私は仕事に取りかかるのだった。洞窟性コウモリは、（季節にもよるが、おおむね）夕方の六時ごろから洞窟を飛び出して捕食行動に移っていく。だから、餌は、その時間あたりにあげるのがよいのだ。

さて、目まぐるしく一日は過ぎ（イヤ、ほんとうに忙しいのだ）、午後六時くらいになると、体力にも気力にも陰りがでてくる。一方私は、そのころから、私の実験用動物たちへの餌やりをはじめる。ニホンモモンガと、（骨は折れていない）コウモリ（実験が終わった個体は元の洞窟にもどしているから、種類は数カ月くらいで変わることが多い。たいてい、飼育室にいるのはユビナガコウモリとモモジロコウモリだ）に餌と水をあげ、飼育容器内の掃除をする。コウモリは一週間に数回程度、飼育室を飛翔させる。そうしないと飛翔力が衰え、野生にもどしたとき困るからだ。

あとは、（実験用動物ではないが）アカハライモリ、カワムツ、オカヤドカリ、アオダイショウ（一カ月に一回、イヌ用の粉ミルクをつけたニワトリの手羽先を与えている）、そしてアカミミガメ（六年以上も前、なぜか海岸の潮だまりで泳いでいて、私が保護した。そのへんの経緯は、『先生、犬にサンショウウオの捜索を頼むのですか！』に書いた）、などに餌をやっている。

それに加えて、ユバが来たものだから、**それはそれは大変だ**。でも、仕事で使う脳の部位とは違った部位を使っているようで、気力が回復することもある。

ユバの世話はこうだ。

蓋を持ち上げ、蓋に逆さになってぶら下がっているユバの体を持ち、蓋の網目に引っ掛けられている爪を、プチプチとはずしていく（ぶどうを房から一個ずつもぎ取っていくような感じである）。するとユバは、私の扱いに抗議でもするかのように、チーチーという可聴音を出す（たぶん、同時に、周波数が高くて私には聞こえない超音波も出しているだろう）。

まずは、水の入ったスポイトの先を口のなかへ入れてやり、少しずつ水を押し出すと、ユバはスポイトの先を噛んで、**水をよく飲む**。

次に、ピンセットで口のそばにミルワームを近づけると、ユバは**ミルワームに勢いよくかぶりつく**。口に入れると、細かく鋭い歯で、小気味よくカリカリと音を立てて食べていく。二〇匹ほど食べると食欲が満たされるようだ。私はユバが飲んだり食べたりしている

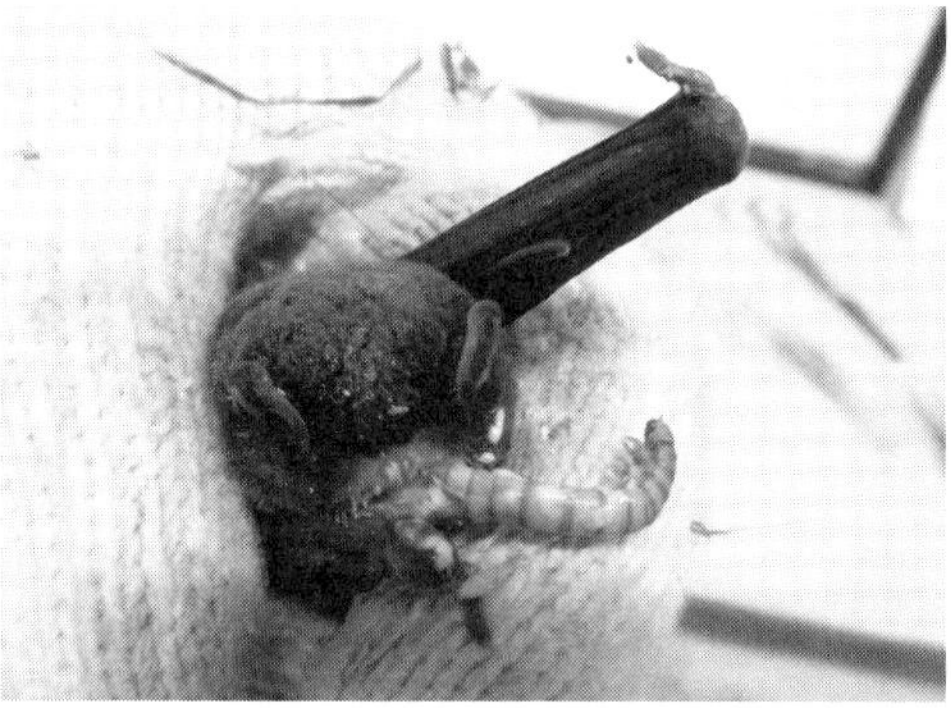

水を飲ませたあと、ピンセットで口のそばにミルワームを近づける。ユバはミルワームに勢いよくかぶりつき、細かく鋭い歯で小気味よくカリカリと音を立てて食べた

間、いろいろなことを、なるべく高い声を出して語りかけてやる。

以上だ。

またプラスチック網の天井にもどしてやると、逆さにぶら下がって、自分が好む位置まで移動する。

ゆくゆくは、水と餌を地面のレンガの上に置いて、自分で食べるようにしなければならないのだが、そうなるまでには、私の介助が必要なのだ。

さて、飼育と同時に考えなければならないことは、もちろん、翼の治療だ。また飛翔できるようにして野生に返してやることが目的だ。

治療は早いほうがいい。ユバを保護してから四日目、私は、仕事が空いている時間に、大学の近くにある動物病院に連れていった。その病院の獣医さんには、タヌキやシマリス、モモンガの治療や研究などでお世話になっていた。

ユバを見られた獣医さんの第一声は、**「コウモリですか!」**だった。

おそらく治療対象の動物としてははじめて対面する種類だったにちがいない。**「この人は、まー、いろんな動物を連れてくるねー」**……そんなことを思われたのではないだろうか。
数年に一度あるかないかといった頻度だったが、動物病院沙汰の事件は起き、そのたびに私は、その獣医さんを頼りにしているのだ。

でも、さすがにコウモリは、それも翼の主要な骨が壊れた怪我は、これまでの動物病院沙汰とは違って難しかったようだ。獣医さんに勧められた「テーピング固定による骨の再生」は実行できなかった。少なくともユバには無理だった。

ツイッターにユバの話を書いたら、親切な方から「もうご存じでしょうが、金沢動物園でやられている、コウモリのような小型哺乳類の骨折を瞬間接着剤で副木固定する方法が紹介されています」というコメントをいただいた（私は全然ご存じではなかった）。しかし、残念ながら単なる骨折ではなかったのでその方法も使えなかった。

やがてユバは、私の効果的な介助やガイドの結果、ほかの（身体に問題がない）コウモリたちと同様に、私が地面のレンガの上に置いた水と餌を、**自分で食べるようになった**。活動の時刻になると、レンガを伝って天井から降りてきて、容器のなかの水を飲み、別の容器のなかのミルワームを食べるのだ。

ただし、その行為は、ほかのコウモリたちのように**スムーズではなかった**。ユバにとって大変な作業であることは、見ていてよくわかる。なにせ本来なら、強力な役割を果たしてくれる左腕（翼）が使えないのである。使えないどころか、引っ張らなければならない荷物になったり、レンガの表面に爪が引っかかったりして、文字どおり重荷になるのだ。

でもユバは頑張る。時間をかけながらもしっかり移動し、目的の容器のところへ到達し、水を飲み餌を食べる。まさに命を懸けて、懸命に。

これを書いている今、事故が起こってから三カ月ほどが経過した。

ユバは生きている。

毎日、様子を見て、言葉をかけてきた。まずは、朝、飼育容器を覗くのだが、餌をまったく食べていない日もあった。手に持って餌を与えてやったこともあった。いつの間にか、私がさわっても、つかんでも、**抗議するように口を開けたり鳴いたりしなくなった**。背中をなでてやるとじっと目を閉じることもある（無料のマッサージでも受けているつもりなのだろうか）。

そうそう、一度、**「顔・濡れネズミ」事件**が起こったこともあった。水を飲もうとしてバランスを崩し、顔が水のなかに没してしまったのだ（と推察される）。本人（本コウモリ）もびっくりしただろうが、ギャッとかいう声を聞いて、容器のなかを見て私も驚いた。でも本人（本コウモリ）は自力で顔を上げ、濡れネズミになった顔を振りながら、レンガの上を動き回っていた。容器のまわりには水が散らばっていた。私は、抱き上げて顔をよく拭いてやった。

事故が起こってから3カ月ほどが経過した。右腕（翼）がたくましくなったような気がする。これからどうなるだろうか………

よく頑張ってきたものだ。右腕（翼）がたくましくなったような気がする。

さて、**これからどうなるのか**。それは私にもわからない。ただ、ユバは、精一杯、行動しつづけることは確かだろう。

本章も最後だ。

約束どおり、**「ユバ」の名前の由来**をお話しする。

もう二〇年以上も前のことだ。

大学の情報メディアセンターの窓ガラスにあたって、右の翼を複雑骨折し、飛べなくなった、巣立ちして間もないくらいのドバトがいた。

息子（息子も幼かった。巣立ちのずっと前のことである）が、**そのドバトに「ホバ」という名をつけた**。確か、ホバリングができるようになったらいいのにね、という意味だったような気がする。

ホバは、垂れ下がった片方の翼（ホバの場合は右側だったが）に悩まされながらも、懸命に生きた。時々、飛翔の衝動に駆られるのか、地面をけって飛び上がることがあった。でも、その直後にあえなく地面に落下した（〝落下〟というほども飛び上がっていなかったが）。

晩年は、大学の飼育室で過ごした。

休日などには、キャンパスの道路を散歩する私の後を、体を揺らしながらついてきた。それをたまたま見ていたゼミ生が「先生がお父さんみたいですね」と言ってくれた。

一〇年近く生きた。忘れられない動物だ。

「ユバ」は「ホバ」から来た名なのだ。

＊　＊　＊

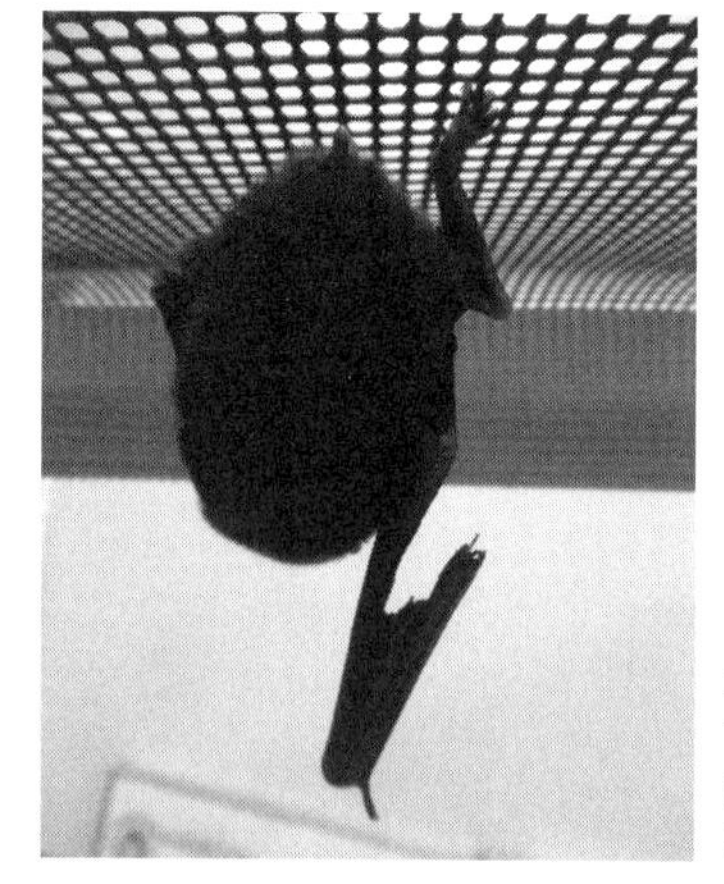

ユバの名前は、かつてキャンパス内で拾い育てたドバトの「ホバ」からきた。ホバのように長生きしてくれるだろうか

チンパンジー研究の、世界的な第一人者である元京都大学霊長類研究所所長の松沢哲郎氏は、チンパンジーとヒトの違いの一つに関して以下のような言葉を述べている（国際賞講演「想像するちから——チンパンジーが教えてくれた人間の心」松沢哲郎・山岸俊男、日本心理学会第七八回大会）。

「チンパンジーは基本的には『今、ここ』の世界を生きている。それに対して人間は、はるか昔の過去のできごとをひきずり、自分が死んだあとのはるか未来に思いをはせる。さらには遠く離れて暮らす人々に心を寄せる。今、ここという世界を生きているチンパンジーは絶望しない。絶望する理由もない。それに対して人間はたやすく絶望してしまう」

たとえばこんなことがあったそうだ。

二四歳になった雄のチンパンジーが、首から下が麻痺して動かなくなる脊髄炎になり、点滴による水分と栄養の補給で過ごす毎日になった。体重も減少しやせ細った姿になったが、しかし、首から上の部分は発病する前と変わらず、**生き生きとした表情**で過ごしていた。

では、なぜ**ヒトという動物**は先のことを考えて、喜びを感じたり、不安を感じたりするのだろうか。
ここで、**動物行動学の視点**から、その理由についての仮説を述べたい。

少々、難しい言葉を使うが、ヒトという動物種は、外界を、「時間」と「空間」という様式で認知しており、その認知の範囲に入れる「時間」と「空間」のスケールは、似たような認知の仕方を行なうほかの動物よりは**圧倒的に大きい**と考えられる。そして、ヒトは、その「時間」と「空間」のなかで物体がどういった因果関係で変化するのかを理解しようとする。「心臓が収縮と膨張を繰り返すことによって（原因）、血液が動脈を通って体中に送り出される（結果）」「○○星に巨大な隕石が衝突したことによって（原因）、○○星の軌道が少し変化した（結果）」といった具合だ。

そういった認知の仕方で得られた知見を組み合わせて、ヒトは、月に行って岩石を採集し帰ってくることができるロケット（もちろんそれを制御する情報処理システムも）をつくった。

チンパンジーは、シロアリを、木の枝を使って〝釣る〟（道具の使用）。さらに、その枝を、折ったり、噛んだりすることによって、よく釣れる形に加工する（道具の加工）。場合によっては、枝を加工するために石を使ったりする（道具づくりのための道具の使用）。ただし、道具の使用に関する〝階層〟はここまでである。認知の階層が、**二段階、あるいは三段階**と言ってもよいだろう。

一方、月ロケットをつくるためには、道具をつくるための道具、それをつくるための道具、さらにそれをつくるための道具……というふうに、**認知の階層はかなりの数になる**。

もちろん、認知の「階層」だけではなく、「時間・空間」も飛び抜けて長く、高く、広い。半年後の居住地の状態や、遠く離れた水場で起こっていることなどについても、因果関係という思考の特性を利用して、事物事象の変化を予想し、行動する。

そういった特性は、「直立歩行」といった身体的な変化ともうまくかみあい、アフリカの乾燥したサバンナでの狩猟採集生活の強力な助けとなり、生き残ることを後押ししたのだろう。

たとえば、直立歩行に伴う〝手〟の使用可能性の増大は、広い範囲に存在するさまざまな種類の事物の利用や、階層性が高い物の加工を可能にするだろう。あるいは、さまざまな動物の隠れ処や餌場、出産時期といった習性に関する、広範囲の「時間」や「空間」を考慮した階層性の高い予測は、狩りの成功率を高めるだろう。

ちなみに、こういった特性の変化は、遺伝子の変化に伴う脳内神経系の配線の変化によって起こるのだが、〝広範囲の「時間」や「空間」を考慮した階層性の高い予測〟を可能にする〝脳内神経系の配線〟は、**その維持と作動に大量のエネルギーを必要とする**。そのため、大量のカロリーを有する消化可能な有機物の摂取も必要だったと考えられるが、近年の研究では、〝火による餌の加熱〟が、それを可能にしたという説が有力である。

一方、チンパンジーは、そういう方向への変化という戦略はとらなかった。ヒトの場合とは戦略が違っていたわけだ。「遠い先の場所の状況や、何カ月も先の餌資源の変化の予測にもとづいた行動の計画」よりも、熱帯雨林の、特に樹上に、いつでもどこでも実る豊かな餌を、直接手に取って得るという戦略のほうが有利だったのだろう。

ヒトは、〝広範囲の「時間」や「空間」を考慮した階層性の高い予測〟を手にしたがゆえに、その予測をより高確率で的中させるため、**不安や喜びといった感情**も同時に手にした。感情によって予測を調整するのである。たとえば、新たに入手した情報により不安を沸き立たせ、予測を変更したり、成功の可能性の高さを感じとり喜びの感情とともに予測をより強く信じたり……といった具合である（別の視点から見れば、不安は「注意して、覚悟して行動すべきだ」という、**生存・繁殖に有利になるように脳が送ってくれたアドバイス**だ。それを理解しておけば、不安によって、事象にパニックになることなく、今までより深い知見を有した個体になることができる。それをわれわれは〝成長〟と呼ぶ）。

そういった方向への進化によってヒトが、不安や悲しみといった苦しい感情を体験するようになったからといって、進化自体はまったく影響を受けない。予測の的中率が上がり、生存・繁殖が有利になれば、**ただそれだけが原因になって進化は進んでいく**。

さて、チンパンジーの次はヨウム（オウムに近い種類の鳥）の認知行動を例にとって、ヒトの〝広範囲の「時間」や「空間」を考慮した階層性の高い予測〟についてもう少し具体的に説明しよう。

ヨウムはオウムと同じように、ほかの鳥類では見られない、独特の形と発達した運動性を備えた舌と嘴をもっており、それらを巧みに動かして（そのための神経回路が脳内に存在する）さまざまな種類の音を発することができる。また、ヒトも含めたほかの動物が発する音をまねるという習性ももっている。少ないときには数十、多いときには数千にもおよぶ個体が群れをつくり、それぞれの個体は一夫一妻の番をつくって繁殖し、番は一本の木を占有し、木のウロに、雌が二〜四個の卵を産む。卵が孵化したら、雌雄が協力して餌を運んでヒナを育てるという。

そういう社会的な個体関係がヒトと似ているためか、ヨウムでも「自分と協力関係にある個体に対し、**その個体に不利益になる行動**を行なったときは、関係の修復を求めようとする」心理が作動するようだ（そのほうが生存・繁殖に有利だからだ）。ただし、そのような心理が湧き上がる場面は、ヒトの場合とヨウムの場合とを比べると、ヒトではヨウムより、比べ物にならないくらい、時間的にも空間的にも、階層的にも、範囲が広い。**以下のように……**。

ヨウムとはこのような鳥だ。ペパーバーグ博士はヨウムのアレックスにたくさんのことばを教え、ヨウムの認知世界の豊かさを世に知らしめた（提供：photoAC）

アメリカの動物心理学者ペパーバーグ博士は、ヨウムを対象にしてその認知や心理の研究を行なった。アレックスと名づけられたヨウムは、博士が教えた一〇〇以上の単語を発してヒトと簡単な会話を行ない、ヨウムの認知世界がとても豊かであることをわれわれに教えてくれた。「青い三つ角(スリーコーナー)の紙」や「赤い四つ角(フォーコーナー)の皮革」を見せて、「色は何?」「形は何?」と質問すると、アレックスは「グリーン」とか「ブルー」「スリーコーナー」「フォーコーナー」と正しく答えるという（これらの一連の研究は世界的に注目・評価され、アレックスは世界一有名な鳥と言われている）。

そんなアレックスが、あるとき、博士が丸一日かけて用意した研究費申請の書類を研究室に置き、一息つこうと食事に行っている間に、**すべての書類の端をかじってしまった**という。修復不可能でタイプし直すしかなく、博士はヒステリックになってしまい、アレックスに向かって怒鳴り散らした。そのとき、アレックスは、以前、博士がアレックスに、博士の過ちでアレックスを怖がらせたときに発していた言葉**「アイム・ソーリー」**、まさにその言葉を、怒鳴る博士に対して発したのだという（『アレックスと私』佐柳信男訳、幻冬舎、二〇一〇）。

ヒトとの比較はここからだ。

ヨウムは確かに、外界の事物・事象をかなりよく理解し、「自分と協力関係にある個体に対し、その個体に不利益になる行動を行なった」ときを認知し、関係の修復を求めようとする。しかし、「自分と協力関係にある個体に対し、その個体に不利益になる行動を行なった」ことを認知できるとしても、たとえば、**その出来事が一週間前に起こっていたとしたら**ヨウムの認知のなかから消えているだろう（経過時間が長すぎるから）。あるいは、出来事が「書類をかじってしまった」ではなく、「自分が飛び立ったときに巻き起こった風で書類が床に落ちて、ちょうどそこが水で濡れていて書類の文字がにじんでしまった」だった場合も、ヨウムは「自分と協力関係にある個体に対し、その個体に不利益になる行動を行なった」とは認知しなかっただろう（因果関係の理解のための階層性が高いから）。

一方ヒトの場合は、そういった出来事が一週間前に起きたことであったとしても、そのあと顔を合わせたときには「アイム・ソーリー」と言うであろうし、「自分が動いたときに巻き起こった風で書類が床に落ちて、ちょうどそこが水で濡れていて書類の文字がにじんでしまった」場合であっても「アイム・ソーリー」と言うであろう。

翼の骨格が壊れて飛べなくなったユバ。

おそらく、**今を懸命に生きる認知特性をもった種**だと推察される。

夕方、餌を与える前に私が背中をさすってやると、それを待っていたかのように、じっと目を閉じて受け入れる。

「こいつ、これからどうなっていくのだろうか」という私（＝ヒト）の心配をよそに、ユバは、**「気持ちいいじゃん」**みたいな思いなのだろうか。「この翼、これから先、どうなるのだろうか」と思い煩(わずら)っている印象はない。もちろん私にとって、それは救いなのだが。

頑張れ、頑張れと声をかける毎日だ。

環境学部「氷ノ山登山演習」で思ったこと

学生たちの（心の）なかのバイオフィリアを感じてうれしくなった

ある日、環境学部環境学科のメーリングリストで、「一〇月一日に**氷ノ山登山演習**を行なうので参加してもらえる先生は連絡ください」との趣旨の依頼が流れた。担当のＮｍ先生からのメールだ。

氷ノ山（ひょうのせん）は、標高が一五一〇メートル、鳥取県で大山（だいせん）についで二番目に高い山である。大学が公立化し新しい環境学部環境学科ができてから、この演習は一〇回ほど行なわれているが、私は、どうしても都合がつかなかった一回を除いては毎回参加している。Ｎｍ先生からのメールを見たらすぐ「参加ＯＫ」のメールを返すようにしている。

最近は、多くの大学が、現地でのフィールド演習を授業のなかに取り入れているが、わが環境学部はけっして引けを取らない。

山や海辺、農村、街での**フィールドワークを座学と相互作用させる**形で、たくさん実施している（私が担当する、芦津（あしづ）の森でのニホンモモンガたちの調査もその一つである）。

「氷ノ山登山演習」は一年生を対象に行なうフィールドワークだが、そのフィールドワークに、（今、これを書いている日の）七日前に行ってきた。二〇二一年一〇月一日、土曜日だった。

この演習は必修科目（これを修得しなければ卒業できないという科目）ではないが、毎年、学科の一年生ほぼ全員が希望して参加する。だから、参加者の数は一五〇人くらいになり、**運営がなかなか大変**なのだ。

そして「氷ノ山登山演習」を統括しているのが、見るからに、そして話してみればさらに、「この人ちょっと器、大きくネ」みたいに感じる**Nm先生**だ。

専門は「森林政策」で、北海道の大学で学び、カナダの大学で博士号をとられたのだが、いずれの大学も広大な森林を有する地にあるわけだ。そんなところで学び研究すると「器、大きくネ」みたいになるのだろうか。

繰り返すが、一五〇人くらいの学生の活動（おもに、登山中の動植物の学習）を、安全面に気を配りながら行なうのはなかなか大変だ。よく考えた計画が必要だ。おまけに、このところはコロナ禍で、感染にも注意しながらの実施だから、なおさら大変だ。

まー、そういった理由もあり、私はNm先生が担当する氷ノ山登山演習には、**できる限り協力しよう**と思っているのだ。

幸い、環境学部には、私以外にも毎年参加してくれる若い先生が三、四人いて、参加学生をいくつかのグループに分け、それぞれのグループに教員一名、Nm先生のゼミの三、四年生が二人ついて、**生物の観察をしながら登山を行なう**のだ。

私は学生たちの最後を行き、調子が悪くなった学生の面倒を見ることになった。

ちなみに、二、三年前までは、六〇代後半になっても参加してくださる頼もしい先生がお二人おられたのだが、相次いで退官され、気がつくと私が最高齢になっていた。

ちょっと寄り道。

氷ノ山には、私は、十数年前までは、一人でよく登っていた。調査のためである。調査対象の動物の一つは**アカネズミ**だった。

アカネズミは日本固有の美しい野ネズミで、平地の河川敷から高山帯にかけて広く生息すると言われている。ただ

氷ノ山における調査対象動物の一種であるアカネズミは、日本固有の美しい野ネズミである

し、どれくらいの標高まで生息するかについては十分わかっていないこともあり、とりあえず一〇〇〇メートル近い高地に生息しているのかどうかを調べたかったのだ。

それともう一つ（こっちのほうが理由としては重かった）。

当時、私は、自分の研究として、アカネズミによるドングリ（生物学では〝堅果(けんか)〟と呼び、具体的には、コナラやクヌギ、アラカシ、シラカシなどのブナ科に属する樹木の種子を指す）の貯蔵行動を調べていたのだが、ゼミの学生（Ｎｔくん）が卒論で**「水辺に生息するアカネズミは高地に生息するアカネズミより泳ぎがうまいか」**というテーマに取り組むことになったのだ。

その研究テーマに関しては、私が、アカネズミを研究対象にしていたことに加え、両生類や魚類などで知られていた「低地と高地では、おそらくそれぞれの環境の違いへの適応として、**形質が異なる方向へ進化する**」という現象に興味をもっていたということも関係していた。

たとえば、カスミサンショウウオでは低地の個体と高地の個体で、成体の外見にも違いがあり、卵嚢内の卵数が異なっていた（高地型のほうが卵嚢内の卵の数が少なかった）。おそらくそれらの違いには、低地と高地で異なる環境へ適応していったという背景があったにちがいない（最近、低地型と高地型も含め、本州、四国、九州のカスミサンショウウオについて、それまでの同一種内の地域変異を〝別種〟に分類することが決まった。その結果、一種が九種に増えた）。

ヒキガエルでは、高地の谷川に生息する個体は「ナガレヒキガエル」という、**低地のヒキガエルとは形態などが異なった別種**に分化している。魚類でも、平地のホトケドジョウが、高地に進出したために、その環境に適応したと考えられる「ナガレホトケドジョウ」になっていることが知られている（ナガレヒキガエルの場合もナガレホトケドジョウの場合も、別種と決まる前は同種内の種内変異とされていた）。

カスミサンショウウオにもナガレホトケドジョウにも、研究でかかわった経験があった私は思ったのだ。

だったら、ひょっとするとアカネズミでも、平地の下流の河川敷に生息する個体と、氷ノ山のような高地に生息する個体とでは、**形質に差が見られるかもしれない**ではないか。もし見られたら………、**ワクワクするね**。みたいな感じだったのだ。

こんな思索の経緯があって、手はじめとしてやってみようと思ったのが、「水辺に生息するアカネズミは高地に生息するアカネズミより泳ぎがうまいか」を調べるということだったのだ。

卒論では哺乳類を対象にしたいと希望していたNｔくんも興味をもってくれた。もちろん、「泳ぎ」という行動を選んだ理由には次のような、ちょっと子どもっぽい推察があった。

水辺の個体は洪水などで生息地が浸水し、泳がなければならない状況に置かれることもあっただろう。だとしたら四肢の指に**水かきのような構造**があるかもしれないし、泳ぎ方も、本能的形質として、あるいは学習の結果、うまいかもしれない。


そういうわけだ。私が氷ノ山にアカネズミを求めて何度も登った理由の一つは。


さて、アカネズミを求めての氷ノ山登山。当時は私も若かったし（五〇歳前後）、〝興味深い問題を調べる〟という動機づけもあった。**登るスピードは速かった**。

環境学部「氷ノ山登山演習」では、どうだろう、一時間半くらいかかっていたと思う。でも、若かったころの私は、特に急いだときは三〇分で登った。

ただし、それだけ速く登れたのには体力と意欲の高さ以外にも、もう一つ理由があった。登山ルートの違いである。鳥取県側からの登山ルートは三つあり、一つは、キャンプ場から登る一般登山者向けのコース（氷ノ越コース）、残りの二つは、スキー場から登るコース（三ノ丸コース、仙谷コース）だ。〝キャンプ場〟も〝スキー場〟も同じくらいの標高にあるのだが、仙谷コースは傾斜がとてもきつく、そのぶん距離は短かった。途中には急斜面の岩場があって、体を支えるため鎖がつけてあった。若かった私は走るようにして登り、急斜面では、斜面にしがみつくようにして登った。**もう〝登山〟ではない**。

何回かは、日が傾きはじめてから登りはじめ、頂上近くでアカネズミのトラップを仕掛け、山頂の山小屋に着いたときは辺りはもう暗くなっていた。

山小屋で夜を明かし、早朝、トラップを仕掛けたところまで下り、アカネズミが入っているかどうか調べた。天気がいい日は**下界の絶景**を見ることができる。

生息についての結果を言うと、アカネズミの生息を確認できた、最も高い標高の地点は九〇〇メートルくらいのところだった。八〇〇メートル、七〇〇メートルの地点でも確認できた。

さてこれらの〝高地型アカネズミ〟と標高約五〇メートル地点の河川敷で捕獲された〝低地型アカネズミ〟、それぞれ一二匹と一五匹を対象に、形態の違いや「泳ぎ方」の違いについて調べた。

形態については、残念ながら、四肢の細部についても両者の間で違いはなかった。一方、「泳ぎ方」については、差が見られた。

大きなごみ捨て用のバケツを利用して、水が円形に流れる水路をつくり、水道からの水の量を調節することによって流速をコントロールできる装置をＮｔくんと一緒につくった。その水路にアカネズミを入れ、**アカネズミがどれくらいの速さで泳ぐことができるか**調べたのである。その結果、〝高地型アカネズミ〟たちの最高流速の平均値は毎秒三四センチメートル、河川敷〝低地型アカネズミ〟たちの最高流速の平均値は毎秒三八センチメートル、だった。統計的な有意差が認められる数値だった（ただし、体重・体長などの影響をどのように考慮すべきか判断がつきかねたので、私が卒論終了後、少しずつ調べている）。

「アカネズミ」といえば、「**アカハライモリ**」も、氷ノ山の山頂付近で出合い、その後、氷ノ山に登る理由をつくった動物だ。

山頂近くの、尾根の登山道を歩いているときだった。前方に、登山道をテクテクと歩いている**細長い小さな動物**が見えた。

少し近づいて見て、それがアカハライモリであることがわかった。まったく驚きの発見だった。

もちろん猛スピードで走り(急がないとチシマザサの藪に入ってしまう!)、そのイモリをつまみ、また驚いた。

雌だったが、体が低地のアカハライモリと全然違い、**皮膚が鎧のように、いかにも分厚そうでザラザラしており**、四肢が太く、指も太く、かつ、短かった。おそらく水に入ることなく竹原や草原、森の林床などの湿ったところで、土壌動物を食べながら生きてきたのだろう。学術

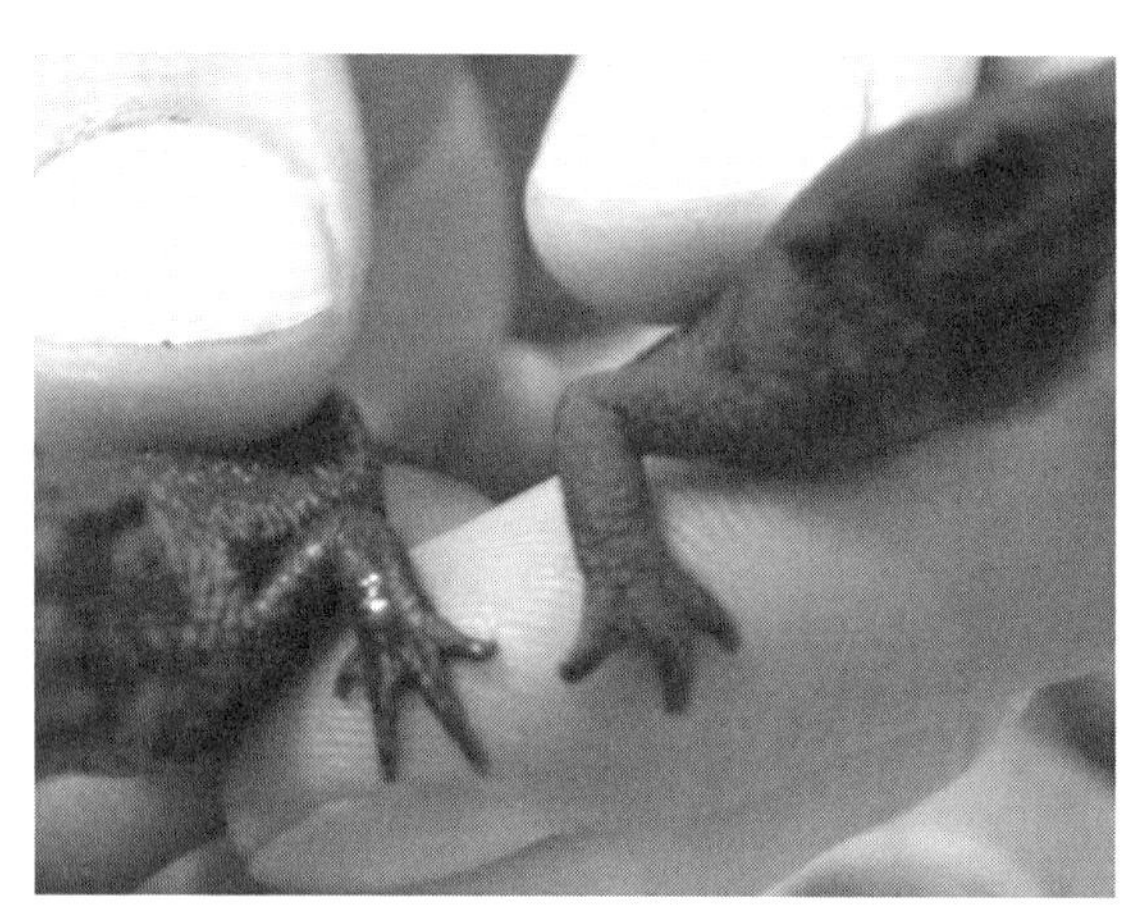

右が氷ノ山の頂上近くの登山道をテクテク歩いていたアカハライモリ。左は低地平野部の水辺のアカハライモリ

雑誌に投稿したかったが、一例では寂しいので、その後の登山で同じ場所を通るときは、**二匹目の〝高地型アカハライモリ〟**を見つけようと目を皿のようにして歩いた。そして執念で二匹目に出合ったのだった（断っておきたいのだが、これらのアカハライモリたちは、レジャーとして氷ノ山登山をしているのではなかったことは確かだ。もしそうだったら、私は、いや、われわれアカハライモリを研究する者は、アカハライモリについての認識をかなり変えなければならなかっただろう）。

さて、そろそろ、脇道から本道へもどろう。

環境学部「氷ノ山登山演習」の話である。

二〇二二年一〇月一日、土曜日の演習は、今までの演習のなかでも特に記憶に残る演習の一つだった。

じつは、私は、この演習に備えて、**人知れず準備していたことがあった**。それは、「心肺を鍛える」ということと「膝の筋肉を増強する」ということだった。

なぜそんなことをしたのか？　それにはちゃんと理由があるのだ。まーたいていは、何かをはじめるのには理由があるだろうが。

前の年の「氷ノ山登山演習」で、それまで体験したことのない**体の異常**を感じたからである。私のような野生児にあってはならない異常を感じたのだ。

隠さず、ズバリ言うが、それは、登りのときの、わずかではあったが〝息苦しさ〟と、下山のときの〝膝の痛み〟だ。

仙谷コースでブイブイ言わせてきた私にとって、演習での氷ノ越コースの登り下りは、軽いハイキングのようなものだったのだが（そう思っていたのだったが）、**加齢による影響は私だけを避けて通ってはくれなかった**ということか。加えて、会議も含めてデスクワークが多くなり、屋外に出る時間が少なくなっていたためか。ちょっとショックだった。もう一言加えれば、自分のことをけっして心身ともに〝丈夫な〟人間だとは思っていなかった。むしろ虚弱体質で、野生動物を調べるための野外活動のときを除いて、通常は、体調はいつもイマイチで精神的にもなんとなく不安を感じているような人間である。でも、というか、だからというか、氷ノ山での〝息苦しさ〟や〝膝の痛み〟は、ちょっとショックだったのだ。

でもこれまでも私はいつも粘ってきた。**なんとか前へ進んできた**。私は「朝の一～二キロのウォーキングと二〇〇回の屈伸」を毎日行なうことにした。どうだ、野生児とはそういうものなのだ。

いろいろ事情があって大学へは車で通わなければならなかったので、「朝の一〜二キロのウォーキング」は、通勤前にやることにした。そして〝屈伸〟も含めて**なんとか一年近く続けたのだ**（〝一年近く〟というのはちょっと言いすぎかもしれない。〝一年近くと言ってもいいかもしれない〟くらいか）。

そして迎えた今年の「氷ノ山登山演習」。**……果たして結果は？**

登りはじめて、二、三キロ進んだところで最後尾の学生がだんだん遅れだし、歩くのがつらそうになり、やがて止まって休むようになってきたのだ。

私は、これはやめたほうがいいだろう、と判断し「やめるか？」と聞くと、学生は「そうします」と答えた。

スマホで、先頭を行くNm先生に状況を説明し、全体の中間あたりを登っている四年生にこちらまで下りてきてもらい、学生をキャンプ場まで送ってもらう（私はそのまま登りつづける）ことにした。

さて、四年生が来てくれるまで何をしようか、と考えていたら、少し上でリタイアを決めたという一年生の学生が下りてきた。

私は、二人に**何か思い出をつくってあげたい**と思い、あることを思いついた。

それは、これまでの「氷ノ山登山演習」では誰も体験したことがない、**ある動物を見せてあげる**、という思いつきだった。


登山道の、休息していた場所から頂上のほうへ向かって左側は、下の谷へとつづく斜面になっており、その斜面を降りていくと細い水流があった。「谷川」である。登山道から五〇メートルほど離れた場所にあり、立ち上がって眺めれば谷川らしきものが見えた。その谷川は幅を変えながらキャンプ場のほうへ下りていき、ところどころで小さな溜まりのようなものができていた。

そして、流速が緩やかになる、そんな溜まりには**「ブチサンショウウオ」の幼生**がいる可能性が高いことを私は、仙谷コースでブイブイ言わせてきた経験から知っていた(われながら恐ろしい〝叡智〟というのだろうか)。

まず見たことはないであろう、そのブチサンショウウオの幼生を見せてあげたら喜ぶにちがいない、と思ったのだ。氷ノ山を体験した、という気持ちになるかもしれないではないか。

私は、その斜面を下っていった。**もちろんそういうことは任せてください**。そういうことばかりして子ども時代（大人になってからもだが）を過ごしたわけだから。ちなみに、小学生のとき、一度、家の裏側の奥にある山の斜面から転げ落ちて、右手の手首の骨を折ったことがあった。家に帰って宿題をやろうと思って鉛筆を持ったら、痛かったのなんのって（それダメじゃん）。

谷川までたどり着いてからの私は、やはり、任せてください、だ。水中を、じーーーっと見つめて、幼生を探すのだが、そういうときの私の目はちょっとすごいと思う。どんな動物の動きも見逃さないだろう。なにせ、野生児の〝心眼〟が働くから。意識する前に脳は、それを感じるのだ。

探すこと数分、といったところだろうか。

私の推理は間違いなかった。心眼が見つけて脳に告げ、目がブチサンショウウオの幼生を意識させた、みたいな。**やっぱりいたのだ**。見事に、谷川の溜まりの水底に溶けこむような隠蔽（いんぺい）色をもった幼生だったが、私の心眼から逃れることはできなかった、ということだ。

しかし、それで終わりというわけではない。そこからまた野生児の本領を発揮しなければならない作業が待っている。

学生たちに見せるためには、一時的に捕獲するしかないではないか。もちろん背中のザックには、そういったときのために大小いろいろなビニール袋が入っていた。そのなかに幼生を入れて学生たちのところまで運ばなければならない。

率直に言って、高地の谷川の〝妖精〟と言ってもいいような幼生は、じつに神経質に、泳いで逃げる、隠れる。それをどうやって捕獲するか？

さらにだ。水面は、まだら模様に光を跳ね返し、反射した水面部分は白いベールがかかったかのように**水中を隠してしまう**。一度見失ったらまたゼロからやり直しだ。

でも野生児は野生児で奥が深いのだ。

私の両手は、チューリップの花のように少し開かれた状態で水中をゆっくり進み、幼生の動き方も予測しながら追いこんでいく。何度か見失った末、見切ったかのように花びらは閉じられて蕾になり、**そのなかに幼生が入っていた**。

蕾は、地面に置いていたビニール袋に入っていき、また開かれて花になり、幼生は袋に水ごと落ちていった。


それを学生たちに見せてあげると、**学生たちはとても喜んでくれた**。そして言った。

「ウーパールーパーみたい」とか（そうだ、ウーパールーパーもサンショウウオの幼生だ。首のあたりから突き出て開いているのがエラで、ブチサンショウウオの幼生でも、小さくはあったが〝エラ〟が見えた）、「どれくらい大きくなるんですか」（成体になったら一〇～一五センチくらいかな）とか、「成体になったらどこで暮らすんですか。何を食べるんですか」（暮ら

ブチサンショウウオの幼生（矢印の先）は水底に溶けこむような見事な隠蔽色だったが、精神を研ぎ澄ましてなんとか捕獲した。学生たちに見せたあと、お礼を言って谷川にもどした

しているのは、比較的高標高帯の谷川の近くの石や倒木の下など、時には水中をめぐって移動している。食べ物は、陸地では土壌中のダニやトビムシ、カタツムリ、ヤスデなど、水中ではヨコエビやヤゴ、カゲロウ、トビケラといった水生昆虫の幼虫など……かな。まああまりよくはわかっていない）とか。

そんなやりとりをしていたら、四年生の学生が下りてきた。私は彼に二人を任せ、**ブチサンショウウオにお礼を言って谷川にもどし**、三〇分以上の遅れを取りもどそうと、早足で登りはじめた。

四人の学生が、Ym先生に見守られながら下山してくるのに出合ったのは、それから三〇分くらいたってからのことだった。リタイアしたとのことだった。当然ながらそれほど元気な様子ではなかったので、思わず**「よく頑張ったよ」**と声をかけて、先を急ごうとしたときYm先生が「最後尾の学生たちももう頂上まで登っていると思いますよ」と言われた。

まー、時間を考え、その可能性も頭にはあったのだが、やっぱりそうか、という感じ。

そこで、このあとどうするのがよいのかちょっと思案したのだが、また**あるアイデア**が、後悔の気持ちとともに浮かんできた。

先ほど谷川にもどしたブチサンショウウオの幼生を、そのまま運んできて、下山してきた四人の学生たちにも見せてあげればよかった。……いっそのこと、ここで待っていて、**頂上から下りてくる学生たちにも見せてあげればよかった**。十分な量の水を入れて運べば酸欠になることはないだろう。

じゃあまた、そこで斜面を下って谷川の溜まりで捕まえればいいじゃないですか、と思われる読者の方もおられるかもしれない。

でも話はそう簡単ではない。というのも、二人の学生のためにブチサンショウウオの幼生を捕まえた場所からだいぶ登ってきていて標高も高くなっており、そこからだと谷川があると思われる谷底には、急な斜面をかなり下りないとたどり着けなかったからだ。

そして、斜面は、散在する樹木とチシマザサと思われるササでびっしり覆われており、下の谷までは見えなかった。**厳しい〝行き帰り〟になりそうだ**。さらに、谷川にほどよい溜まりがあってブチサンショウウオの幼生が見つかるかどうかもわからなかった。

でも私は行くことにした。

私くらいの動物行動学者になると、これまでの経験から脳が、勝算あり、と言ってくるのである。それに仮に幼生がいなかったとしても、これまで足を踏み入れたことがない場所への挑戦だ。**面白いじゃないか**、と、これまた脳が言ってくるのだ。野生児の脳にも困ったものだ。

ササに覆われた斜面は、思ったより急角度だった。私はササを握りつつ命綱のようにして体を支えながら、ゆっくりと下りていった。

谷底にたどり着いたときは、これを今度は登らなければならないのかと気が滅入った。

でも野外で野生児になった私は結構、タフだ。谷の木々をかき分け、ついに水場を見つけたのだ。

野生児の脳が「勝算あり」と告げる。再び幼生を捕獲するため、ササに覆われた斜面を下っていった

そこからは幸運が続いた。ブチサンショウウオの幼生が複数いたのだ。ああ、こういうところを好むのか、と、なにやら感動した。

捕獲？

捕獲もスムーズにいった。幼生を二匹採取しザックに入れ、見上げるようなササ原の壁を登っていったのだ。

こうして、私の、登山道での「ブチサンショウウオ幼生観察コーナー」ははじまった。

予想どおり、やがて、前のグループの学生たちが山頂での休息を終えて下ってきた。三々五々で降りてきたので、観察コーナーの運営には都合がよかった。

私は「ご苦労さん」と声をかけながら、ブチサンショウウオの幼生を見せ、説明をした。学生たちは、水槽状に広げたビニール袋のなかを覗きこみ、**「へーっ」**とか**「すげー」**とか反応して私を喜ばせてくれた。今回の演習のレポートに使える、と言いながら写真も撮っていた。

秋晴れの尾根は気持ちがよかった。

眼前や眼下に広がる景色を見ていると、幼生を採取しに降りていった斜面の下のほうから一匹の蝶が飛んで浮き上がってくるのが見えた。**私の頭のなかに「アサギマダラ」という言葉がひらめいた**。きれいな模様の翅(はね)をもった蝶である。

翅の色や模様などは識別できなかったが、私は夏から秋にかけて、その蝶が、氷ノ山を越えて移動していくことを知っており、それまでに何度か、山頂付近で、樹木や草にとまって休息しているアサギマダラを見たことがあったのだ。

蝶は、やがて、私の頭上を飛び、それから道の反対側へと去っていった。真下から蝶を見たとき、アサギマダラではないかという私の推察は確信へと変わった。蝶のエレガントなシルエットがはっきり見えたからだ。

そのうち、数グループの学生たちが「ブチサンショウウオ幼生観察コーナー」を利用していったが、あるグループのなかに、昆虫採集用の網を持った学生がいた。彼は、とりわけ幼生に興味を示していたが、アサギマダラのことを話すと、上のほうで、二、三匹が尾根を越えていたと教えてくれた。**昆虫のことをよく知っているのだなー**と思うと同時に、確率から言うと、二人のホモ・サピエンスからこれだけ見つけられるということは、今がアサギマダラの氷ノ山越えの最盛期かな、とも思ったのだ。

ちなみに演習では、いくつかの植物を見つけて、その写真を撮ることが課題として課せられていた。「ミツマタ」「ナナカマド」「クロモジ」「ブナの実生（みしょう）」などなどである。「ブチサンショウウオ幼生観察コーナー」のすぐ脇には実をつけたナナカマドやブナの実生があったので、まだ写真を撮っていない学生に教えてあげた。

「ミツマタ」「ナナカマド」「クロモジ」「ブナの実生」などをはじめて見る学生も多く、それらをゲームの要素と組み合わせながら（詳細は省略する）記録する資料をつくったNm先生のねらいがうまく機能しているなと思った。**いいね**。

その後、いろいろあったが、少々長くなってきたので、ここで思い切って「氷ノ山登山演習」の最終場面（私にとっての今回の登山演習を象徴するような場面）に飛ぶことにする。

私は、最後のグループとともに、山を下りていた。**もう数分で出口**、というところまできていた。つまり「氷ノ山登山演習」の最終場面ということだ。

フルコースではなかったが、私は、息切れすることもなく、膝に痛みを感じることもなく、よく登り、よく下りた。

ところが、その最後のグループだが、**彼らの歩みは……遅かった**。すぐそこの登山口までなかなか到達しないのだ。そして、その〝遅さ〟は、疲れゆえの遅さではなかった。その反対だ。元気に、道々に植物や動物を見つけては、**うれしそうに質問し、**私が何か答えると、その話は発展し、みんなで会話が弾んでいく……そんな感じ。そんな感じで〝遅さ〟が生まれていたのだ。

私がちょっと気を抜いてスタスタと降りていくと、彼らは後方で何か生物を見つけ

上に三角に見えるのが頂上の山小屋。私は今回はここまで来られなかったが、あとで学生に頼んで送ってもらった

て話をしているのだ。私が立ち止まると質問が飛んできた。そしてまた会話が発展していった。私は彼らの質問に答えたり、黙って道上で待ったりしながら、会話の、ここぞという場面で**「じゃ、そろそろ下りようか」**と声をかけるのだ。そしてなんとか一緒に登山口までたどり着いたのだ（彼らは、私のそんな苦労などけっしてわかってはいないだろう）。

そのときのことを私は、登山当日のツイッターで次のように書いた。

「生物が好きな学生たちを森（山）から連れ出すためには忍耐と、よいタイミングでの声掛けが必要だ」……そのままだ。

でも私は彼らの行動がうれしかった。「学生たちの（心の）なかのバイオフィリアを感じてうれしくなった」のだ。

バイオフィリアとは何かって？

それは＊＊＊のあとにお話ししよう。

＊　＊　＊

現代の「知の巨人」と呼ばれる人物のなかに、社会生物学（動物行動学から生まれた子どもの一人、と私は思っている）という学問分野を切り開いた生物学者**エドワード・O・ウィルソン**がいる。

ウィルソンは「バイオダイバーシティー（生物多様性）」とか「コンシリエンス（知の統合）」とか「エピジェネティック・ルール（後成規則）」といった、研究に関する現象に、じつにうまいネーミングをする人物でもある（彼自身の造語もあるし、遺物の箱（歴史）のなかから掘り出し光を当てたものもある）。

「**バイオフィリア**」とは、そのウィルソンによるネーミングである（「自然愛」と訳されることもある）。

「ヒトが、潜在的に、**ほかの生物たちとの結びつきを求める心理特性**」……みたいなものを表わす言葉として、遺物の箱から掘り起こしたものだ。ヒトという動物の生物学的理解に欠かせない重要な要素として、また、自然破壊が進む現代社会に警告を発する意図ももって掘り出したのだろう。それは、「生物多様性」の重要性の根拠の一つだとウィルソンは考えている。生物多様性が維持されなければ、**われわれヒトの心理的な特性は満たされず**健康な成長は保証されないのではないか、というわけである。ヒトの本能的な特性である「言葉」を聞かせずに成長させるのと同じことではないかというわけだ。

もう少し具体的に説明しよう。

「バイオフィリア」心理は、われわれの曾曾曾……祖父母のホモ・サピエンスが、(イルカなら魚などを追って海のなかで、モグラなら土壌動物の多い土のなかで生きるのと同じように)「自然のなかでの狩猟採集生活」という本来の環境を生き抜くうえで、とても大切な心理だったのだ。……それはそうだろう。生物が豊富な自然がなければホモ・サピエンスは餌にありつけなかった。**自然に関心をもつ心理が進化したのは当然だろう**。狩猟採集の成功率を上げるためには、動物や植物などへの関心やそれらの習性を見抜く能力が必要だった。そういった状況が、現代までのホモ・サピエンスの歴史、約二〇万年の九割以上にわたって続いたのだ。「自然のなかでの狩猟採集生活」を「一〇〇人程度(その数は霊長類の脳のある部分の発達具合から導き出されたものである)の集団をつくって」生き抜くうえで、言語能力が重要な能力になり、ホモ・サピエンスの本能的な特性になったのと同じことである。

ちなみに、脳内には、言語の利用に専門化した領域が知られており、同様に、生物の認知に専門化した領域も（言語専門領域ほどには詳しくはわかっていないが）知られている。それは、（生物ではない）物の認知に専門化した脳内の領域とは異なった場所にある。

だから言うのだ。

「生物多様性が維持されなければ、われわれヒトの心理的な特性は満たされず健康な成長は保証されないのではないか、というわけである。ヒトの本能的な特性である『**言葉**』**を聞かせずに成長させるのと同じこと**ではないかというわけだ」………と。

著者紹介

小林朋道（こばやし　ともみち）

1958年岡山県生まれ。

岡山大学理学部生物学科卒業。京都大学で理学博士取得。

岡山県で高等学校に勤務後、2001年鳥取環境大学講師、2005年教授。

2015年より公立鳥取環境大学に名称変更。

専門は動物行動学、進化心理学。

著書に『利己的遺伝子から見た人間』（PHP研究所）、『ヒトの脳にはクセがある』『ヒト、動物に会う』（以上、新潮社）、『絵でわかる動物の行動と心理』（講談社）、『なぜヤギは、車好きなのか？』（朝日新聞出版）、『進化教育学入門』（春秋社）、『動物行動学者、モモンガに怒られる』（山と溪谷社）、『先生、巨大コウモリが廊下を飛んでいます！』をはじめとする「先生！シリーズ」（今作第18巻）と番外編『先生、脳のなかで自然が叫んでいます！』および『苦しいとき脳に効く動物行動学』（以上、築地書館）など。

これまで、ヒトも含めた哺乳類、鳥類、両生類などの行動を、動物の生存や繁殖にどのように役立つかという視点から調べてきた。

現在は、ヒトと自然の精神的なつながりについての研究や、水辺や森の絶滅危惧動物の保全活動に取り組んでいる。

中国山地の山あいで、幼いころから野生生物たちとふれあいながら育ち、気がつくとそのまま大人になっていた。1日のうち少しでも野生生物との“交流”をもたないと体調が悪くなる。

自分では虚弱体質の理論派だと思っているが、学生たちからは体力だのみの現場派だと言われている。

X（旧Twitter）アカウント@Tomomichikobaya

先生、シロアリが空に向かってトンネルを作っています！

鳥取環境大学の森の人間動物行動学

2024年 1 月19日　初版発行

著者　小林朋道
発行者　土井二郎
発行所　築地書館株式会社
〒104-0045
東京都中央区築地7-4-4-201
☎03-3542-3731　FAX 03-3541-5799
http://www.tsukiji-shokan.co.jp/
振替00110-5-19057
印刷製本　シナノ印刷株式会社
装丁　阿部芳春

 ISBN978-4-8067-1659-4

先生！シリーズ

［鳥取環境大学］の森の人間動物行動学
小林朋道［著］　各巻1,600円＋税

先生、巨大コウモリが廊下を飛んでいます！

先生、シマリスがヘビの頭をかじっています！

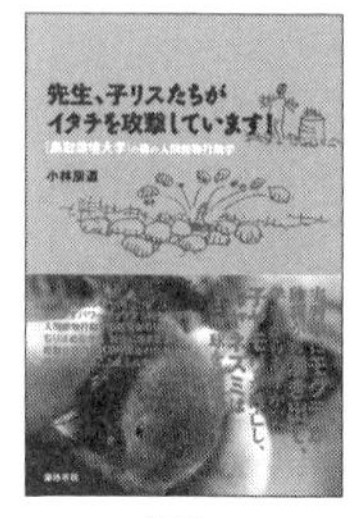

先生、子リスたちがイタチを攻撃しています！

先生、カエルが脱皮してその皮を食べています！

先生、キジがヤギに縄張り宣言しています！

先生、大型野獣がキャンパスに侵入しました！

先生、洞窟でコウモリとアナグマが同居しています！

弊社ホームページで
試し読みできます。
「築地書館」で検索！

先生、イソギンチャクが腹痛を起こしています！